Sigrid Tinz

Ideenbuch Vogelhäuschen

Stilvolle Nistkästen
Futterhäuser, Tränken

Ulmer

1
2
3
4
5
6

Inhalt

Vögel im Garten: So klappt es!

Vögel im Garten zu haben ist schön – und nützlich obendrein, fressen sie doch Blattläuse, Raupen, Maden und jede Menge anderer Insekten, die uns Menschen und unseren Gartenblumen eher lästig sind.

Vögel mögen wilde Ecken – wie dieser Gartenrotschwanz.

Ein Garten für Vögel

Wer einen Garten hat, hat auch Besuch von Vögeln – das ist klar. Meisen, Sperlinge und Amseln schauen auf jeder Terrasse und jedem Balkon vorbei. Sie picken zwischen den Blumen nach Futter, hüpfen durch die Äste, singen, zwitschern, zetern, streiten mit Kollegen um die besten Plätze und Bissen und fliegen dann wieder, frei wie der Wind, davon.

Auf das Angebot kommt es an

Vögel zu beobachten, macht gute Laune. Und die Vögel werden umso öfter zu Besuch kommen, je mehr Gutes Sie Ihnen tun: zum Beispiel dadurch, dass Sie Nistkästen aufhängen, Sandbäder und Wasserstellen anbieten und im Winter Futter streuen – um dafür Tipps zu bekommen, haben Sie sich dieses Buch schließlich gekauft.

Weniger ist mehr

Aber ein bisschen mehr geht immer. Wobei: eigentlich müsste es weniger heißen. Denn genau das schätzen Gartenvögel: weniger Rasen mähen, vielleicht an manchen Stellen gar nicht, denn im hohen Gras lebt besonders viel Vogelfutter wie zum Beispiel Spinnen, Käfer und andere Insekten; weniger Laub wegräumen und die verwelkten Blütenstände im Herbst nicht abschneiden, denn unter Blättern und in hohlen Stängeln überwintern Insekten, und die Samenstände bieten Futter für körnerfressende Vögel. Außerdem sehen im Winter die Stängel mit den alten Blütenständen und einer kleinen Schneehaube sehr hübsch aus.

Pflanzen Sie weniger exotische Zierpflanzen und mehr heimische Gewächse. Denn auf diesen wohnt und gedeiht, was unsere Vögel seit ewigen Zeiten kennen und vertragen, und zwar immer genau dann, wenn sie gerade darauf angewiesen sind. Tier- und Pflanzenwelt sind aufeinander eingespielt. Und: Holunder, Sanddorn und Weißdorn kommen mit unseren Böden und Klimabedingungen gut zurecht und müssen nicht ständig gepäppelt werden. So bleibt Ihnen mehr Muße zum Beobachten der Vögel.

Lieblingsblumen und -Sträucher der Vögel

Diese Blumen und Sträucher mögen Vögel besonders: Eberesche, Efeu, Felsenbirne, Fette Henne, Fingerhut, Haselnuss, Heckenrose, Holunder, Kornelkirsche, Liguster, Pfaffenhütchen, Sanddorn, Schlehe, Schneeball, Weißdorn – schon ein paar wenige von diesen Stauden und Sträuchern ergeben ein Ganzjahresbüffet für Gartenvögel. Und Sie selbst haben auch etwas davon: Zu jeder Jahreszeit blüht oder fruchtet in Ihrem Garten eine Pflanze.

Heimische Sträucher bieten immer etwas zu futtern, zu jeder Jahreszeit.

Nicht zuletzt ist es für alle gut, wenn Sie möglichst wenig von dem verwenden, was man landläufig so Chemie nennt: Pestizide, Herbizide oder Kunstdünger.

Ersatzlebensraum Garten

Natürlich müssen Sie Ihr Stückchen Grün nicht komplett in einen brennnesselüberwucherten Ökogarten verwandeln: Erfreuen Sie sich ruhig an Ihren geharkten Kieswegen und den

Buchsbaumhecken, an Ihren Lieblingsblumen oder Ihrem Gemüsegarten. Wichtig ist allein, dass die Vögel ein paar Ecken haben, an denen sie Unterschlupf und Nahrung finden – und ein wenig Nistmaterial.
In einem solchen Garten werden sich dann auch jede Menge Bienen und Schmetterlinge tummeln, vielleicht auch Igel und Eidechsen. Denn nicht nur Vögel sind heute auf unsere Gärten als Ersatzlebensräume angewiesen. Die freie Landschaft, ihr eigentlicher Lebensraum, existiert fast gar nicht mehr. Die Landwirtschaft braucht große Felder, die gut mit Maschinen zu befahren sind – Hecken stören da nur, „Unkraut" und „Ungeziefer" sowieso. Morsche Bäume mit Löchern und loser Rinde werden gefällt, weil sie unwirtschaftlich sind und Spaziergängern gefährlich werden könnten. Laub wird überall generalstabsmäßig weggesaugt und -gepustet, baufällige Häuser werden abgerissen oder saniert, die kleinste Lücke in Mauern und Dächern aus Wärmeschutzgründen zugedämmt.
Das Ergebnis: Unter Vögeln herrscht Wohnungsnot und ihr Mittagstisch bleibt leer. Darum lassen Sie uns Nistkästen aufhängen, Sandbäder und Wasserstellen anbieten und für Futter sorgen. Legen wir los!

Baumeisterwissen

Die Nistkästen und Futterhäuser in diesem Buch reichen von kinderleicht und ratzfatz fertig bis zu aufwändigen Bauwerken, bei denen versierte Heimwerker ihr ganzes Können unter Beweis stellen dürfen. Typische Materialien, Grundbegriffe und immer wiederkehrende Handgriffe haben wir in diesem Kapitel erklärt.

Welches Holz?

Wenn in den einzelnen Anleitungen nichts anderes vermerkt ist, dann brauchen Sie immer das gleiche Holz: ungehobelte Fichten- oder Kiefernbretter von mindestens 18 mm Dicke – es gibt sie in jedem gut sortierten Baumarkt. Sperrholz ist zu dünn, Spanplatten quellen auf, sobald sie nur ein bisschen nass sind, und beide dünsten schädliche Stoffe aus.

Auf Maß geschnitten

Wenn Sie keine Kreissäge haben und keinen guten Bekannten, der Ihnen eine leiht, lassen Sie sich das Holz im Baumarkt auf das in den Tabellen angegebene Maß zuschneiden; das kostet ein paar Euro, aber dafür ist der Schnitt glatt und genau. Mit dem Fuchsschwanz oder der Stichsäge geht es natürlich auch, aber das ist mühsam.

Beim Bauen kann jeder mitmachen.

Außen können Sie das Holz schleifen, wenn Sie mögen. Innen sollte es aber rau bleiben, damit die Jungvögel guten Halt haben, wenn sie alt genug sind und zum Flugloch klettern, um hinaus in die Welt zu starten.

Der erste Starenkasten der Welt...
... soll vor rund 300 Jahren aufgehängt worden sein – damals aber noch, um den Speisezettel um Singvögel zu bereichern. Wissenschaftlich erforscht werden künstliche Nisthöhlen seit gut 100 Jahren, und mittlerweile weiß man genau, welche Bedürfnisse welche Vogelart hat und wie man Nistkästen möglichst gut zum Vogelschutz einsetzen kann.

Nageln, Schrauben oder Leimen?

Nageln geht schneller, Schrauben ist genauer und stabiler – und, wenn Sie einen Akkuschrauber haben, auch deutlich kraftsparender. Außerdem brauchen Sie im Herbst zum Saubermachen nur schnell eine Wand aufschrauben und sparen sich so den eher aufwendigen Einbau von Klappen und Scharnieren. Die meisten Nistkästen und Futterhäuser in diesem Buch werden deshalb geschraubt.

Einmaleins des Schraubens

Wichtig ist in jedem Fall, rostfreie Nägel und Schrauben zu verwenden (die verzinkten oder die aus Stahl oder ähnliche), und Gleiches gilt für Krampen, Haken, Ösen, Scharniere und Riegel. Die normalen rosten schnell.
Wir haben in jedem Bauplan die Länge der Schrauben angegeben. Wenn Sie noch Schrauben haben, prüfen Sie, ob die Länge sich eignet: Die Spitze darf nicht in den Innenraum des Kastens ragen – das ist klar –, sie soll aber auch so lang sein, dass sie mindestens bis in die Mitte des Tragholzes (der Teil, in dem die Spitze der Schraube steckt) reicht.
Wenn Sie viel Wert auf Stabilität legen, können Sie das Holz vor dem Schrauben oder Nageln leimen; in einigen Bauplänen ist es sogar so angegeben. Planen Sie dann mehr Zeit ein, denn der Leim muss gut trocknen, am besten einen Tag, bevor Sie die geleimten Teile weiterverarbeiten können.
Ob Sie leimen oder nicht: Bohren Sie die Löcher für die Schrauben immer vor.

Vorbohren – und zwar so:

In das Tragholz – also das, in dem die Spitze der Schraube stecken wird – bohren Sie ein Loch, dessen Durchmesser 2 mm kleiner ist als der Durchmesser der Schraube. Dadurch sitzt sie später richtig schön fest. Das Loch im daraufzuschraubenden Holz bohren Sie dagegen in dem Durchmesser der Schraube. Schnell und effizient geht das mit der Bohrmaschine und einem Holzbohrer der jeweiligen Stärke.
Bohren Sie immer nur die Bretter vor, die Sie als Nächstes verarbeiten. So können Sie kleine Ungenauigkeiten ausgleichen. Die summieren sich nämlich manchmal zu einigen Millimetern, so dass die letzte Schraube womöglich knapp an ihrem Loch vorbeiläuft, wenn Sie schon am Anfang alles vorgebohrt haben. Wenn Wand und Wand mal nicht ganz bündig abschließen, raspeln oder schmirgeln Sie einfach, bis es wieder passt.

Lochsägeaufsatz im Einsatz.

Dachpappe: ja oder nein?

Über das Thema Dachpappe streiten sich die Vogelhaus-Experten: „Ja, verwenden“, sagen manche, „sonst ist das Dach nicht dicht, und die Vögel werden nass und krank.“ „Nein“, sagen die anderen, „Dachpappe ist nicht atmungsaktiv, das Haus wird von innen nass und die Vögel werden krank.“ Wir schließen uns der zweiten Position an und haben fast immer die Dachpappe weggelassen. Wichtig ist, dass der Kasten geschützt hängt und die Bauteile bündig aufeinandersitzen. Kleine Ritzen oder Spalten können Sie mit Fugenmasse oder Silikon abdichten.

WELCHEN EINGANG FÜR WEN?

Bei den einzelnen Bauplänen haben wir den Durchmesser des Einflugloch jeweils angegeben. Wenn Sie selber variieren wollen – hier sind die wichtigsten Maße:

- 27 mm – die kleinen Meisenarten (Blaumeise, Tannenmeise, Haubenmeise)
- 33 mm – Kleiber, Kohlmeise
- 35 mm – Haussperling, Trauerschnäpper
- 50 mm – Star
- Ovale Öffnung, 48 mm hoch, 32 mm breit – Gartenrotschwanz
- Ovale Öffnung, 30 mm hoch, 70 mm breit – Mauersegler
- Öffnung ca. 70 × 50 mm direkt am Stamm – Baumläufer
- Große Öffnung, ca. 50 × 100 mm – Nischenbrüter wie Hausrotschwanz, Bachstelze, Grauschnäpper

Jeder Vogel hat seinen Lieblingseingang: Gartenrotschwänze mögen es oval.

DAMIT KLAPPT'S: DIE WERKZEUGKISTE

Die Werkzeuge, die Sie für die Vogelhäuser und Futterstellen in diesem Buch benötigen, sind am Ende jeder Anleitung aufgeführt. Wenn Sie von der folgenden Liste alles parat haben, sind Sie bestens gerüstet.

- (Millimeter-)Papier, Pappe, Schere und Bleistift
- Zollstock und Geodreieck
- Schleifpapier in verschiedenen Stärken
- Feile, Raspel
- Handbohrer, Bohrmaschine, Holzbohrer in verschiedenen Stärken, eventuell Spezialbohrer für Stein, Fliesen, Kunststoff
- Schraubendreher und Akkuschrauber
- Stichsäge und/oder Fuchsschwanzsäge
- Hammer, Kneifzange
- Pinsel
- Schraubzwingen

Die Montage

Generell gilt: Seien Sie kreativ. Sie können die Baupläne abwandeln, miteinander mixen und die fertigen Häuser nach Belieben verzieren und dekorieren. Ihrer Fantasie sind keine Grenzen gesetzt – nur auf die Bedürfnisse der Vögel sollten Sie achten. Sonst kann es nämlich geschehen, dass Ihr Bauwerk nicht bezogen wird. Ein Gummistiefel mit Dach und Einflugloch zum Beispiel sieht natürlich witzig aus. Aber mal ehrlich: Würden Sie Ihre Kinder in einem Gummizelt großziehen wollen? Eben drum. Sollte tatsächlich mal ein Vogelpärchen in den Stiefel einziehen, würde es dort für Eier und Küken viel zu heiß werden, sobald die Frühlingssonne einmal länger und kräftiger draufscheint.

Ein Wort zum Verzieren

Die Vögel brauchen keine Verzierungen, sagen die Ornithologen. Eher ist das Gegenteil der Fall: Aus gutem Grund versuchen sie, sich mit ihrem Nest möglichst unauffällig in die natürliche Umgebung einzupassen. Denn wer nicht gesehen wird, wird auch nicht gefressen.
Aber bunt sieht's natürlich schöner aus. Hier also unsere Tipps fürs Bemalen: Feuchten Sie das Holz mit einem Schwamm an und lassen Sie es wieder trocknen. Die Fasern sind nun gequollen und haben sich aufgestellt, so dass sie sich jetzt gut gegen den Strich abschleifen lassen. Die Fläche wird wunderbar glatt und nimmt die Farbe gut an. Verwenden Sie umwelt- und damit auch vogelfreundliche, aber wetterfeste Farbe. Zum flä-

Pur mit Natur dekoriert, ganz im Sinne der Vögel – und trotzdem wunderschön.

chigen Anstreichen eignet sich ein normaler Haushaltspinsel, für kleine Verzierungen bieten sich flache Haarpinsel von etwa 1 cm Breite an. Kleben Sie die einzelnen Flächen mit Kreppklebeband ab – so bekommen Sie exakte Ränder.
Eine Alternative ist es, das Haus mit Naturmaterial zu schmücken wie unser Dornröschenschloss oder die Königskugel – das macht Spaß und sieht gut aus.
Viele Nistkästen, auch in diesem Buch, besitzen vor dem Loch ein kleines Stöckchen als Sitzstange. Das ist eigentlich nicht nötig – die Vögel brauchen keine Anflughilfe –, aber eine nette Deko ist es allemal. Wer Sorge hat, Nesträubern die Sache damit allzu leicht zu machen, lässt das Stäbchen einfach weg.

Die Vögel schaffen es auch ohne „Landestange" ins Häuschen. Wenn eine da ist, nutzen sie diese aber gerne als Warte wie dieser Feldsperling.

Wohin mit dem Kasten? Das Aufhängen

Generell sollten die Nistkästen nicht zu hoch hängen, und ins dichte Geäst einer Baumkrone gesetzt, wird vielen Räubern das Plündern besonders leicht gemacht. Höhen von 2 bis 4 m sind ideal, denn auch Sie müssen ja regelmäßig zum Saubermachen an die Kästen kommen. Manche Vogelarten haben allerdings Sonderwünsche bei ihrem Wohnort, die dann jeweils in den Bauplänen vermerkt sind.

Ausrichtung und Abstand zueinander

Wichtig ist, dass die Öffnung von der Wetterseite abgewandt ist, also möglichst nach Osten zeigt, und dass der Kasten an einem ruhigen Ort und auf keinem Fall in der prallen Sonne hängt. Mehrere Nistkästen gleicher Bauart für die gleiche Vogelart sollten bei vielen Arten etwa zehn Meter Abstand voneinander haben. Sonst kommen sich die Bewohner bei der Nahrungssuche in die Quere. Und manche legen auch sehr viel Wert auf ihr eigenes Revier – Blaumeisen zum Beispiel. Andere Vogelarten zum Nachbarn zu haben, stört sie aber nicht. Spatzen, Stare oder Schwalben dagegen sind Koloniebrüter, sie mögen es gerade gesellig. Ihnen sollten Sie auf jeden Fall mehrere Wohnungen direkt nebeneinander anbieten.

Der Kasten hängt, die Bewohner können kommen.

Vier Aufhängemöglichkeiten

Grundsätzlich gibt es vier Möglichkeiten, einen Nistkasten aufzuhängen oder aufzustellen. Bei einigen Bauplänen haben wir angegeben, welche davon jeweils am besten geeignet ist. Wenn dort nichts steht, können Sie wählen, was zu den Gegebenheiten Ihres Gartens passt und Ihnen am besten gefällt.
Freie Aufhängung: Links und rechts am Kasten je eine Ösenschraube anbringen; ein Stück verzinkten Draht in der einen Öse festdrehen, zum Schutz der Baumrinde ein Stück

An den Stamm nageln – darf man das denn?
Man darf. Wenn Sie Aluminiumnägel verwenden, stört das den Baum nicht. Aluminium gibt keine schädlichen Stoffe ab, es entsteht nur eine klitzekleine Narbe. Und: Sollte der Baum irgendwann einmal gefällt und verarbeitet werden, zerstören Alunägel das Sägeblatt nicht.

alten Gartenschlauch über den Draht schieben, diesen über den Ast führen und dann an der anderen Öse festdrehen.
Am Stamm: Eine Hartholzleiste (etwa 5 cm breit, 2,5 cm dick und so lang, dass sie oben und unten etwa 10 cm über den Kasten ragt) auf die Rückseite des Vogelhauses schrauben. Dann das obere und untere Ende an den Stamm nageln oder mit Draht oder Sisalkordel daran festbinden.
Auf dem Pfosten: Ein 2 m langes Vierkantholz mit dem unteren Ende in eine Einschlaghülse aus dem Baumarkt stecken und in den Boden rammen, am besten mit einem Vorschlaghammer. Oben links und rechts zwei Metallwinkel anschrauben, und diese wiederum am Boden des Nistkastens befestigen. Bei einem Rundholz geht es noch einfacher: Eine zum Durchmesser des Pfahls passende Konservendose (sauber, trocken, eventuell lackiert) mit der Öffnung nach unten an den Kastenboden schrauben, über den Pfahl stülpen und mit je einem Nagel links und rechts fixieren.
An der Wand: Zwei Metallwinkel mit der einen Fläche ans Dach oder an die Seitenwände des Nistkastens schrauben, mit der anderen an die Schuppenwand. Sie können auch wie bei der Aufhängung am Stamm eine Aufhängeleiste an die Kastenrückwand schrauben und die Leiste dann an der Wand befestigen. Oder Sie bohren ein Loch in die Leiste und hängen den Kasten an einem Haken auf.

Großreinemachen im Herbst

Beim Nistkastenreinigen sind Handschuhe empfehlenswert.

Ein paar Asseln, Spinnen und andere Insekten finden sich in jedem Nistkasten; sie sind so etwas wie die Hausangestellten der Vögel und bauen organisches Material ab (alles das, was von einer Mahlzeit übrig bleibt). Doch im September, wenn die Brutsaison zu Ende ist, müssen die Kästen ausgemistet werden. Milben, Flöhe, Lausfliegen und andere Parasiten oder Krankheitsüberträger machen es sich sonst im leeren Nest gemütlich, und das gefährdet die Brut des nächsten Jahres. Achtung: Vogelflöhe nehmen auch mit Menschen vorlieb. Tragen Sie beim Reinemachen also immer Handschuhe.
Nehmen Sie die Kästen ab und holen Sie das alte Nistmaterial und alles, was Sie sonst noch finden, heraus. Die meisten Kästen haben dafür eine Klappe oder eine Wand, die sich schnell abschrauben lässt. Bei den ausgefalleneren Modellen geht das nicht immer. Dann müssen Sie alles durch das Einflugloch herausprökeln. Dafür gibt es zwar spezielle Reinigungsgeräte, aber ein alter Marmeladenlöffel tut es in der Regel auch. Spülen Sie das Haus mit heißem Wasser aus – auf Chemie können Sie verzichten, denn das schadet den zukünftigen Vogelbabys.

Wollen Sie sichergehen, dass auch alle Mikroben fort sind, nehmen Sie eine Lötlampe oder den heißen Fön zum „Desinfizieren".
Kleine Löcher und Lücken schmieren Sie mit Silikon oder Fugenmasse aus, und dann hängen Sie den Kasten wieder auf, denn viele Vögel nutzen die Höhlen im Winter als Platz zum Schlafen.

Ich bin zwar kein Vogel, aber uns Gartenschläfern gefällt es in so einem Nistkasten auch.

Von netten Zwischenmietern …

Auch andere Tiere finden sich als Zwischenmieter in vorübergehend nicht bewohnten Vogelhäusern ein: Hummelköniginnen, Gartenschläfer, Siebenschläfer, Haselmäuse, Schmetterlinge, Fledermäuse und Bienen, Ohrenkneifer und Florfliegen wissen solch ein festes Dach über dem Kopf zu schätzen. Sollten Sie den richtigen Zeitpunkt im Herbst verpasst haben, warten Sie mit dem Großreinemachen also lieber bis nach dem Winter. Sie wollen ja niemanden stören.

… und gemeinen Nachbarn

Nachbars Katze! Dieses (Feind-)Bild steht fast jedem Vogelliebhaber vor Augen. Aber längst nicht alle getöteten Vögel im Garten gehen auf Miezes Konto. Marder und Waschbären sind ebenfalls versierte Vogeljäger, und auch Dohlen, Elstern, Spechte oder Waldkauze holen sich Eier und Meisenbabys, um damit ihre eigene Brut zu füttern. Sogar Eichhörnchen lieben Vogeleier und selbst einige Schneckenarten schleimen sich hoch bis zum Nest und schlürfen die Eier leer. Und nicht zuletzt geht manches Gelege zugrunde, weil sich ein Bussard die Eltern geholt hat.
Einen gewissen Schutz gegen derlei Bedrohungen bieten beispielsweise um den Haltepfahl gewickeltes Blech, Stacheldraht oder ein Plätzchen über der Brombeerhecke.
Jungvögel, die noch nicht flügge sind, sind natürlich besonders gefährdet – bei vielen Arten kommen die Kleinen schon aus dem Nest, bevor sie richtig fliegen können. Bitten Sie dann die Nachbarn, die Katze ein paar Tage im Haus zu lassen, und setzen Sie die Vögelchen an einen Ort, wo ihnen Fahrräder und Autos nicht gefährlich werden können. In der Regel füttern die Eltern ihren Nachwuchs noch einige Tage lang, bis er sich selbst versorgen kann und dann auf einmal weg ist.

Auch Katzen mögen Vögel …

Wohnungsbau für Vögel

Von der Höhle zum Mehrfamilienhaus

Vögel haben unterschiedliche Ansprüche an ihre Traumwohnung, und nicht allen kann ein Heimwerker das passende Zuhause zimmern. Ein bisschen nett machen kann man es ihnen aber auf jeden Fall.

Spechte hämmern sich ihre Höhle selbst ...

Sperlinge, Meisen, Kleiber, Stare und viele andere Vögel suchen sich eine fertige Höhle in Bäumen oder Gemäuern, in die sie dann ihr Nest hineinbauen. Solche natürlichen Hohlräume sind selten geworden. Deswegen sind diese Höhlenbrüter besonders auf Nistkästen angewiesen. Welche Art bei Ihnen einzieht, können Sie selbst über die Größe des Einfluglochs steuern (siehe S. 9). Und wenn Sie nicht wollen, dass frühbrütende Arten wie zum Beispiel Meisen alle Wohnungen unter sich aufteilen, hängen Sie die Kästen nach und nach auf. Auch wer wie Grau- und Trauerschnäpper erst später im Frühjahr aus dem Winterquartier eintrifft, findet dann noch eine Bleibe.

Höhlenbrüter, Nischenbrüter ...

Nicht alle Vögel kommen mit dem klassischen Nistkasten zurecht. Zaunkönige mögen es eng und kuschelig, Baumläufer brauchen einen Eingang direkt am Baumstamm. Und nicht alle Vögel sind Höhlenbrüter. Da gibt es beispielsweise die Nischenbrüter, die ihre Nester am liebsten in engen Astgabeln, Mauerspalten oder in dichtem Heckengebüsch anlegen. Sie freuen sich über Halbhöhlen – Kästen, bei denen die Vorderseite nur etwa bis zur Hälfte geschlossen ist. Ihr Nachteil: Sie sind natürlich nicht besonders einbruchssicher. Wenn sich kein räubersicherer Ort zum Aufhängen oder Hinstellen findet, können Sie den Eingang mit grobmaschigem Maschendraht verriegeln: Die Vögel schlüpfen hindurch, und die Verfolger müssen draußen bleiben.

... und Freibrüter

Manche Vögel – Rotkehlchen und Amseln zum Beispiel – suchen sich auch eine gute Stelle am Boden oder irgendwo in Büschen und Hecken, auf Dächern oder Mauern und manchmal sogar auf dem Briefkasten. Einen großen Gefallen tun Sie diesen Freibrütern, wenn sie die Efeuwand nicht auslichten, den Holunder nicht stutzen oder die Ligusterhecke munter wuchern lassen. Und lassen Sie auch mal Reisig und Zweige herumliegen – die sind ein wunderbares Nistmaterial.

Amseln genügt ein Dach aus Blättern über dem Kopf.

Vogel-Fernsehen

Würden Sie nicht auch gern wissen, was in Ihrem Nistkasten vor sich geht, wenn die Vogeleltern ständig ein- und ausfliegen? Installieren Sie doch einfach ein Webcam. Das ist angenehm für Sie und noch besser für die Vögel, die je nach Art und Naturell manchmal schon nach der ersten Störung das Gelege aufgeben. Kleine, einfache Kameras gibt es für 20 Euro aufwärts in jedem Elektronikmarkt. Weil es in so einem Vogelnest eher dunkel ist, empfiehlt sich eine Infrarotkamera – die allerdings nur schwarz-weiße Bilder macht.
Bringen Sie die Kamera so in einer Ecke oder im Dach des Kastens an, dass sie einen guten Ausschnitt abdeckt, aber von den Vögeln nicht verschoben oder angeknabbert werden kann. Und nehmen Sie einen großen Kasten, damit die Kamera genügend Platz hat, ohne die Vögel einzuengen.

Live bei allem dabei, was Ihre Vögel so machen – eine kleine Kamera macht's möglich.

Blumentopf-Häuschen

ZEIT 1/2 Stunde
BAU einfach

VÖGEL Blaumeise

- Bohren Sie jeweils in der Mitte zweier gegenüberliegender Seiten der Bodenfliese mit dem Betonbohrer ein Loch. Die Löcher sollten zueinander einen Abstand von 22 cm haben (bzw. dem oberen Außendurchmesser des Topfes entsprechen).
- Auch in den Topf bohren Sie zwei 6-mm-Löcher, und zwar direkt unter dem Wulst der oberen Kante und ebenfalls genau einander gegenüberliegend.
- Jetzt bohren Sie mit dem 27-mm-Fliesenlochbohrer das Einflugloch in den Topf: Es sollte möglichst weit oben sitzen, damit gefräßige Nesträuber nicht an Eier und Küken herankommen, und so weit unterhalb des Randes, dass dieser beim Bohren nicht reißt. 2 cm unter dem Randwulst sind als Abstand ideal.
- Fädeln Sie den Draht durch die Löcher im Topf. Die Drahtenden zeigen nach oben. Eines der Enden ziehen Sie ganz weit heraus, das andere bleibt kurz.
- Die Fliese ebenfalls auffädeln, den Schlauch auf das lange Drahtstück schieben und die beiden Drahtenden verzwirbeln.
- Das Loch im Topfboden müssen Sie nicht abdecken; es dient als Ablauf, und die Vogeleltern bauen ja noch ihr Nest drauf – da kann kein Ei hindurchrutschen, geschweige denn ein Küken.

Terrakotta lässt sich leichter bearbeiten als die herkömmlichen „deutschen" Tontöpfe. Nehmen Sie bitte keinen Kunststoffblumentopf – Sie wollen ja schließlich keine Vogelsauna bauen.

KEINE SCHÖNE Fliese übrig? Dann nehmen Sie als Deckel ein dickes Holzbrett oder einen Topf- oder Eimerdeckel. Zum Bohren der Löcher brauchen Sie dann statt eines Betonbohrers einen 6-mm-Holz- oder Metallbohrer.

MATERIAL

- 1 Terrakottatopf, Außendurchmesser oben 22 cm
- 1 alte, hübsche Bodenfliese (die sind stabiler als Wandfliesen), groß genug, um auf beiden Seiten des Topfes mindestens 1–2 cm überzustehen
- Für den Aufhängebügel: 1 m Spanndraht, 3 mm dick; 1 Stück alter Gartenschlauch, ca. 20 cm lang
- Bohrmaschine, Fliesenlochbohrer (27 mm)

220
6
20
27

Meisenpantoffel

ZEIT 1 Stunde
BAU einfach

VÖGEL Blaumeise

MATERIAL
- 1 Holzschuh ab Schuhgröße 42, möglichst kantig und klobig, dann lässt sich der Deckel besser anpassen.
- Brett ca. 20 × 20 cm, Dicke 18 mm
- Papier und Pappe für die Schablone
- Bilderrahmen-Haken
- Rostfreie Schrauben, 3,5 × 40 mm
- Schere, Lineal, Schleifpapier (grob und fein), Raspel, Feile, Stichsäge, Bohrmaschine, Akkuschrauber
- Lochsägebohrer, 27 mm

- Im Prinzip ist das Haus schon fertig, es fehlen nur noch Einflugloch und Dach.
- Bohren Sie möglichst weit oben auf dem Spann des Holzschuhs mit dem Lochsägeaufsatz für die Bohrmaschine das Einflugloch und in die Schuhspitze mit dem Holzbohrer zwei oder drei Ablauflöcher.
- Jetzt kommt das Dach: Zuerst sägen, feilen und schmirgeln Sie den Rand des Schuhs gerade und so, dass er leicht nach vorne hin abfällt: Dadurch liegt der Deckel glatt auf und eventuelles Regenwasser kann ablaufen.
- Fertigen Sie sich nun eine für Ihren Schuh passende Dachschablone. Messen Sie dazu die Öffnung so genau wie möglich aus und übertragen Sie die Maße auf ein Blatt Papier. Diese Form schneiden Sie aus und halten sie wieder an die Öffnung. Nach und nach arbeiten Sie sich so an die genaue Form der Rundung und der Einkerbungen heran, die der Deckel der Seitenwände wegen haben muss.
- Sobald die Schablone passt, übertragen Sie die Form aufs Holz und geben an den Außenrändern 1 cm zu – damit das Dach leicht übersteht.
- Mit der Stichsäge aussägen und wieder „anprobieren“. Eventuell mit Säge, Feile oder Schleifpapier nacharbeiten.
- Auch wenn der Deckel schön fest sitzt, schrauben Sie ihn besser an: entweder von hinten durch die Fußsohle, oder von oben in die Seiten. Vorbohren nicht vergessen.
- An die Rückseite einen Bilderrahmen-Haken schrauben, aufhängen, fertig.

VIELE PANTOFFELHÄUSCHEN nebeneinander an eine Schuppenwand gehängt sind besonders dekorativ – aber nichts für Blaumeisen, denn die teilen ihr Revier nicht gerne. Sperlinge fühlen sich dagegen in Gesellschaft wohl. Bohren Sie einfach die Einfluglöcher größer!

Ob naturbelassen oder mit Bauernmalerei verziert, ist egal. Wichtig ist nur, dass der Schuh innen nicht lackiert ist, sondern rau, damit die Küken nicht ausrutschen.

1)
2)
3)

Schwedenhütte

ZEIT 3 Stunden
BAU mittelschwer

VÖGEL Meisen, Kleiber, Sperlinge – je nach Größe des Einfluglochs

MATERIAL
- Rostfreie Schrauben 3,5 × 40 mm
- Wetterfeste, umweltfreundliche Farbe in weiß, rot und dunkelgrau – oder nach Geschmack
- Befestigungsmaterial nach Wunsch
- Schleifpapier, Kreppklebeband, Stichsäge, Bohrmaschine, Akkuschrauber, Pinsel
- Lochsägeaufsatz, je nach gewünschter Vogelart 27, 33 oder 35 mm

- Übertragen Sie die Maße für Vorder- und Rückwand von der Skizze auf Ihr Holz und sägen Sie es mit der Stichsäge aus.
- Schrägen Sie die Seitenteile oben und unten an: oben im 60°-Winkel, damit das Dach glatt aufliegt, unten im 75°-Winkel, damit Boden und Seitenteile bündig verlaufen.
- Bohren Sie mit dem Lochsägeaufsatz der Bohrmaschine in das Vorderteil das Einflugloch, ins Bodenteil bohren Sie einige Ablauflöcher.
- Den Boden schrägen Sie an den Längskanten im 105°-Winkel an, damit die Seitenwände glatt aufliegen.
- Jetzt schrauben Sie die Holzteile zusammen: die Vorder- und die Rückwand von vorne an den Boden, die Seitenwände jeweils links und rechts daneben. Die Löcher jeweils vorbohren.
- Dann schrauben Sie das Dach rechtwinklig zusammen (Vorbohren nicht vergessen!).
- Nun wird gemalt: Schleifen Sie das Holz zunächst von außen schön glatt. Innen haben es die Vögel lieber rau und natürlich. Die Wände werden rot, das Dach malen Sie dunkelgrau, auch auf der Unterseite – aber nur so weit, wie es überstehen wird. Die Vorderkante des Daches bekommt einen weißen Anstrich und das Einflugloch eine dicke weiße Umrandung, den Fensterrahmen.
- Zum Schluss schrauben Sie das Dach auf die Wände – fertig.

KEIN SCHWEDENFAN? Dann bemalen Sie das Häuschen eben anders: griechisch in weiß und hellblau, als Landhaus in beige mit grünem Dach oder im gleichen Stil wie ihr eigenes Zuhause.

Anzahl	Name	Material	Höhe/Länge (mm)	Breite (mm)
2	Vorder-/Rückwand	Vollholz 18 mm	250	200
1	Dachhälfte 1	"	210	180
1	Dachhälfte 2	"	210	198
2	Seitenwand	"	180	155
1	Boden	"	144	130

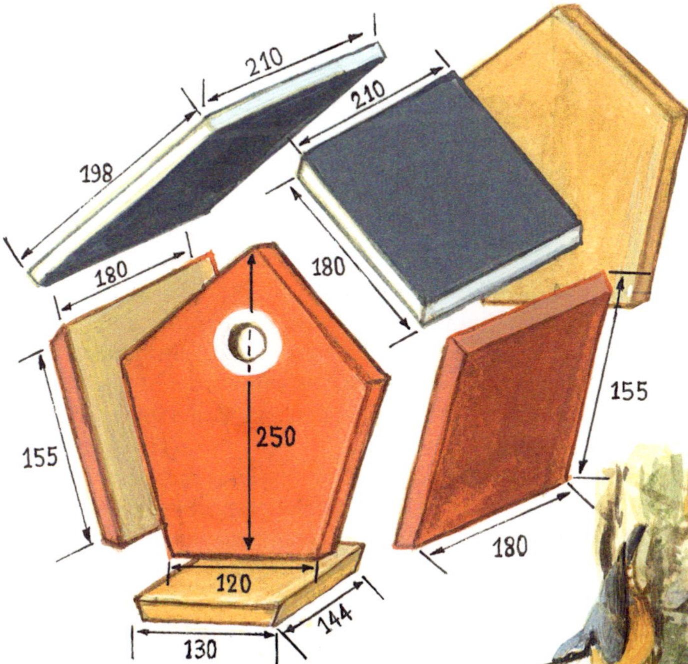

Ganz Eilige kaufen sich einen fertigen Nistkasten und malen ihn nach dieser Anleitung schwedisch an.

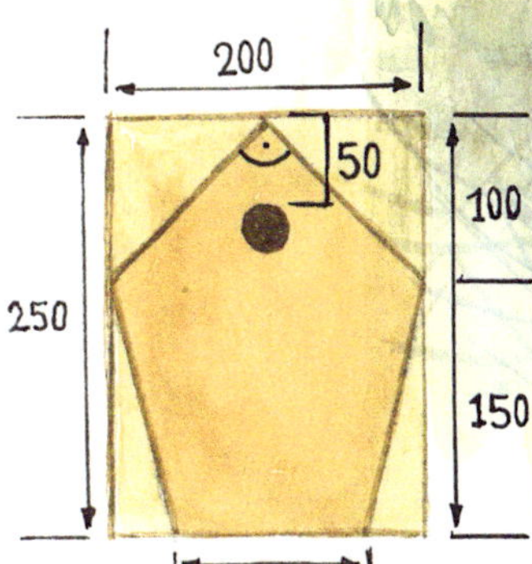

Bauhaus

ZEIT 3 Stunden
BAU einfach

VÖGEL Meisen, Kleiber, Sperlinge, Trauerschnäpper – je nach Größe des Einfluglochs

MATERIAL
- Rostfreie Schrauben, 3,5 × 40 mm
- 1 Riegel und 2 Scharniere (rostfrei) plus Schrauben
- 2 rostfreie Bilderrahmen-Haken mit Nägeln
- 2 rostfreie Nägel zum Aufhängen
- Wetterfeste, umweltfreundliche Farbe (weiß, dunkelgrau)
- Kreppklebeband, Schleifpapier, Bohrmaschine, Akkuschrauber, Pinsel
- Lochsägebohrer, je nach gewünschter Vogelart 27, 33 oder 35 mm

- Sägen Sie mit dem Lochsägeaufsatz in das obere Drittel der Vorderseite das Einflugloch und mit einem Holzbohrer in den Boden einige Ablauflöcher.
- Dann schrauben Sie das Haus Schritt für Schritt zusammen: die Seitenteile an den Boden, die Vorderwand von vorne und die Rückwand von hinten an Seitenwände und Boden, dann oben drauf das Dach. Bohren Sie dafür die Löcher jeweils vor. Exaktes Arbeiten ist bei diesem Haus sehr wichtig: Es muss alles ganz genau aneinanderpassen, wenn es nach Bauhaus und nicht nach rustikalem Landhaus aussehen soll.
- Schleifen Sie das Holz außen schön glatt, denn jetzt wird gemalt. Innen sollte das Haus naturbelassen bleiben, das mögen die Vögel lieber. Außenwände und Boden streichen Sie weiß, das Dach dunkelgrau, und um das Einflugloch kommt ein ebenfalls dunkelgrauer „Fensterrahmen".
- Nageln Sie zwei Spiegelhalter an die Rückseite, auf gleicher Höhe, damit der Kasten gerade hängt, und möglichst weit oben, aber so, dass man die Halter von vorne nicht sieht. Nun hängen Sie Ihr Bauhaus mit den Haltern auf zwei Nägel an Ihre Hauswand – schlicht und sehr, sehr elegant.

UM DAS HAUS als Starenkasten zu bauen, machen Sie jede Seite ca. 10 cm länger (Seitenteile 28,2 × 26,4 cm, Vorder-/Rückseite 28,2 × 30 cm, Boden 26,4 × 26,4 cm, Dach 30 × 30 cm) und sägen das Einflugloch mit 50 mm Durchmesser aus.

Wenn Sie nicht lackieren wollen, bauen Sie das Haus aus Nussbaum- oder Kirschholz. Das ist zwar teurer und härter, sieht aber schlicht und edel zugleich aus.

Anzahl	Name	Material	Höhe/Länge (mm)	Breite (mm)
2	Vorder-/Rückseite	Vollholz 18 mm	200	182
2	Seitenwand	"	182	164
1	Dach	"	200	200
1	Boden	"	164	164

200
200
182
182
164
200
164
164

Zur alten Ziegelei

ZEIT 3 Stunden
BAU einfach

VÖGEL Meisen, Kleiber, Sperlinge – je nach Größe des Einflugslochs

MATERIAL
- 1 Firstziegel
- Holz, 18 mm dick; Menge je nach Bauplan, etwa 1 × 1 m
- Rostfreie Schrauben, 3,5 × 40 mm
- Weiße Farbe, nach Geschmack
- (Millimeter-)Papier
- Evtl. Schleifpapier, Kreppklebeband
- Geodreieck, Bleistift, Schere, Stich- oder Tischkreissäge, Bohrmaschine, Akkuschrauber, Pinsel
- Lochsägeaufsatz, je nach gewünschter Vogelart 27, 33 oder 35 mm

- Alte, hübsche Ziegel haben kein Standardmaß – Sie entwerfen Ihren Bauplan also selbst. Folgende Maße brauchen Sie dafür: den Winkel α, die Länge der Innenseiten b, den Abstand der Innenseiten unten c und die Gesamtlänge d.
- Übertragen Sie die Giebelmaße auf Millimeterpapier. Verkleinern Sie dabei das Giebeldreieck, indem Sie von der Länge b 3 cm abziehen. Dadurch steht der Ziegel wie ein echtes Dach an den Seiten über.
- Nun die Schablone für die Seitenteile: Die Höhe beträgt 24 cm, die Breite hängt von der Gesamtlänge d des Ziegels ab, von der Sie 6 cm (für 3 cm Dachüberstand vorne und hinten) und dann noch 36 mm für die Dicke der Vorder- und Rückwand (je 18 mm) abziehen.
- Der Boden soll bündig zwischen Vorder- und Rückwand und Seitenwände passen, daher müssen Sie von der Breite der Vorder- und Rückwand jeweils die doppelte Brettstärke, also 36 mm, abziehen.
- Schablonen ausschneiden, aufs Holz übertragen – den Boden 1x, die Seitenteile und die Giebelseiten jeweils 2x – und aussägen.
- In eine Giebelseite bohren Sie mit dem Lochsägeaufsatz das Einflugloch, in das Bodenteil mit dem Holzbohrer einige Ablauflöcher.
- Bevor Sie das Haus zusammenschrauben, können Sie die Bretter außen weiß streichen. Schleifen Sie dann dort das Holz vorher glatt. Nicht vergessen: Innen mögen es die Vögel lieber rau und natürlich.
- Schrauben Sie das Haus nun Schritt für Schritt zusammen: Die Seitenwände neben, die Vorder- und Rückwand vor bzw. hinter den Boden und die Seitenwände schrauben. Die Löcher jeweils vorbohren.

DER ZIEGEL liegt nur lose auf, das Haus lässt sich deshalb schlecht aufhängen. Stellen Sie es auf eine Mauer, einen Brennholzstapel oder an einen anderen erhöhten, (wetter-)geschützten Ort.

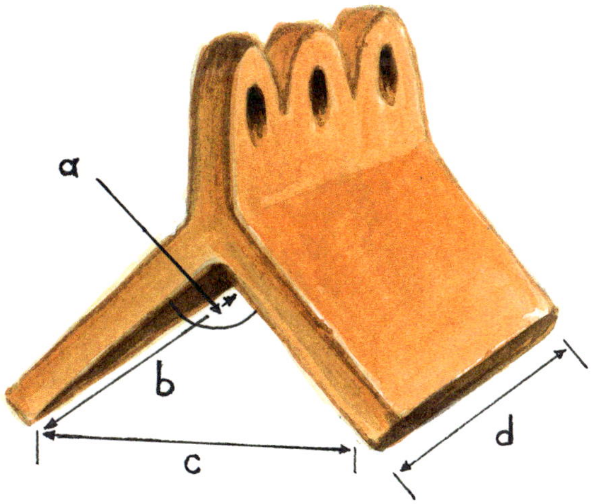

Sie können auch ein Nummernschild als Dach verwenden. Die Maße müssen Sie entsprechend anpassen. Das Haus wird dann kleiner und eignet sich nur noch für Blaumeisen.

Wohnen im Grünen

ZEIT 1/2 Tag
BAU etwas aufwendiger

VÖGEL Blaumeise oder Kohlmeise

- Zuerst bauen Sie den Blumenkasten: Schrauben Sie dafür Vorder- und Rückwand an die Seitenwände und zum Schluss von unten den Boden drunter. Die Löcher bohren Sie jeweils vor. In das Bodenteil Drainagelöcher bohren.
- Nun das Vogelhaus: Schieben Sie zwei der Seitenwände so in den Blumenkasten, dass sie innen 16 cm Abstand haben und das so entstandene Haus etwa in der Mitte des Blumenkastens liegt. Die beiden Seitenteile vorne und hinten durch die Wände des Blumenkastens festschrauben (alle Löcher vorbohren). Die beiden Trennwände schieben Sie jeweils mit einem Abstand von 4 mm außen daneben – so ist die Vogelwohnung vor der feuchten Blumenerde geschützt. Vorbohren und festschrauben.
- Bohren Sie in die Vorderseite mit dem Lochsägeaufsatz das Einflugloch.
- Schrauben Sie nun das Dach so fest, dass es hinten und an den Seiten bündig mit der Doppelwand abschließt und vorne über dem Einflugloch 4 cm übersteht.
- Geben Sie eine Schicht Blähton als Drainage in die beiden Blumenkasten-Abschnitte. Dann Blumenerde einfüllen und bepflanzen.

Ideal für den Stadtbalkon. Bepflanzen Sie den Kasten vor der Brutzeit mit pflegeleichtem Grün, damit sie später nicht zu viel daran herumhantieren müssen.

SIE KÖNNEN auch Blumen in passende Töpfe pflanzen und diese links und rechts neben das Vogelhaus stellen; die Zwischenwände können Sie dann weglassen.

MATERIAL
- Rostfreie Schrauben, 3,5 × 40 mm
- Blähton
- Stichsäge, Bohrmaschine, Akkuschrauber
- Lochsägeaufsatz, 27 oder 33 mm

Anzahl	Name	Material	Höhe/Länge (m)	Breite (m)
2	Vorder-/Rückwand	Vollholz 18 mm	800	200
6	Seiten-/Trennwand	"	200	164
1	Boden	"	800	200
1	Dach	"	240	240

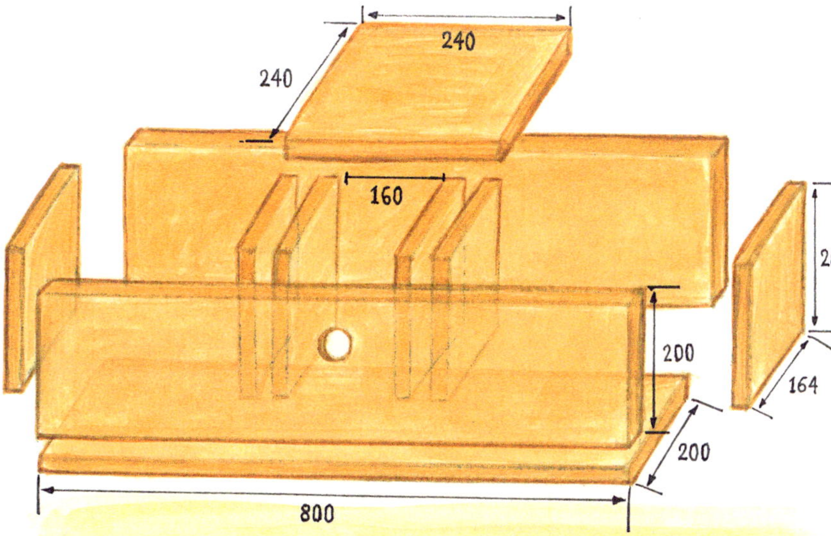
240
240
160
200
200
164
200
800

Ein Vogel für die Vögel

ZEIT 1/2 Tag
BAU mittelschwer

VÖGEL Meisen, Kleiber, Sperlinge – je nach Größe des Einfluglochs. Der Kasten ist recht groß, so dass Sie ihn auch Staren anbieten können, wenn Sie ihn mit einem 50-mm-Loch versehen.

MATERIAL
- Rostfreie Schrauben, 3,5 × 40 mm
- 1 Stock, ca. 5 cm lang, Durchmesser ca. 10 mm.
- Stabile Federn oder Reisigstöckchen
- Holzleim, Draht, Befestigungsmaterial nach Wunsch
- Stichsäge, Bohrmaschine, Akkuschrauber, Pinsel, schwarze Acrylfarbe
- Lochsägeaufsatz, je nach Vogelart 27, 33 oder 35 mm

- Sägen Sie aus den Brettern für Vorder- und Rückwand je einen „krummen" Halbkreis: Durchmesser 30 cm (Breite), Radius 20 cm (Höhe). Damit die Wände die gleiche Form bekommen, sägen Sie beide gleichzeitig. Dazu die Bretter mit Schraubzwingen fest aneinanderpressen.
- Bohren Sie in die Vorderwand mit dem Lochsägeaufsatz das Einflugloch. Mit schwarzer Farbe umranden, so dass es wie ein Auge aussieht (vorher auf Papier üben!).
- Die Leisten oder Hölzer vorbohren und dann dicht an dicht die Rundung entlang auf Vorder- und Rückwand schrauben. Sollte es zu lückig sein, können Sie mit Reisig nachstopfen.
- Das Stöckchen (von innen) auf dem Deckel festschrauben, so dass es ein bisschen übersteht und als Griff benutzt werden kann. Kleine Löcher hineinbohren, jeweils etwas Leim reinklecksen und die Federn kreuz und quer hineinstecken – das ist der Schwanz.
- Nun der Schnabel: Vorne unterhalb des Einfluglochs bohren Sie zwei Löcher leicht schräg untereinander in die Leisten, geben etwas Holzleim hinein und stecken zwei Stöckchen wie bei einem weit geöffneten Schnabel hinein.
- Das Dach schrauben Sie mit zwei Scharnieren an der Stirn Holzvogels fest. Wenn der Kasten gerade hängt, sollte es glatt aufliegen. Zur Sicherheit können Sie es noch mit einer Schraube fixieren.
- Unten am Bauch des Holzvogels drehen Sie zwei Ringschrauben in die Leisten und hängen je ein Reisigbündel dran – die Füße. Im Winter tauschen Sie sie durch nützliche Meisenknödel oder Äpfel aus, und oben aufs Dach stellen Sie eine Schale mit Körnerfutter.

DIESEN KASTEN hängen Sie am besten mit zwei Bilderrahmen-Haken an die Wand oder mit zwei Ösenschrauben und einem Draht an einen Ast.

Anzahl	Name	Material	Höhe/Länge (m)	Breite/Durchmesser (m)
1	Dach	Vollholz 18 mm	170	340
2	Vorder-/Rückwand	"	200	300
ca. 30	Leiste	s. o. oder Rundhölzer	170	20

Lust auf moderne Kunst im Garten? Dann lackieren Sie die Seitenteile weiß und die Bodenleisten in allen Farben des Regenbogens.

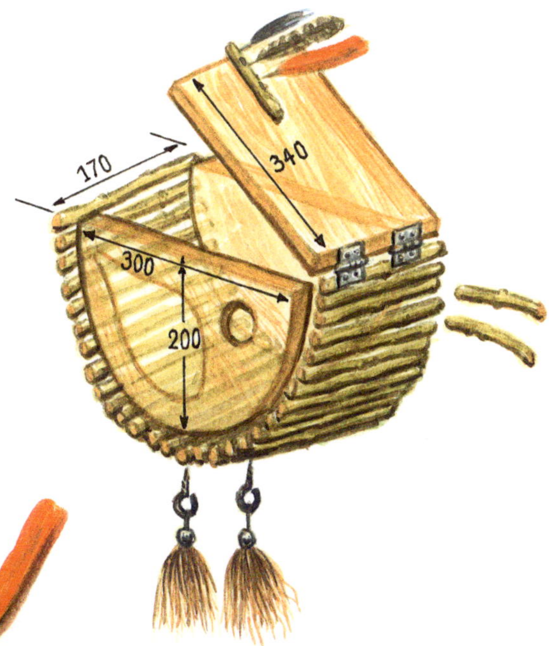

Blockhütte

ZEIT 2 Stunden
BAU einfach

VÖGEL Stare – und mit etwas Glück zieht vielleicht sogar der seltene und bedrohte Wendehals ein.

- Die vier 20 cm breiten Bretter bilden die Seitenwände der Blockhütte. Damit sie gut aufeinanderpassen und das Häuschen am Ende keine zugigen Löcher hat, begradigen Sie die Seiten und auch die oberen und unteren Ränder mit Säge und Raspel.
- In ein Brett bohren Sie etwa 20 cm vom unteren Rand entfernt mit dem Lochsägeaufsatz das Einflugloch und 2 cm darunter mit dem 10-mm-Holzbohrer das Loch für die Sitzstange.
- Die vier Seitenteile zusammennageln. Wichtig ist, dass alle Bretter unten und oben bündig abschließen, damit später Boden und Dach dicht aufliegen. Der Rest kann ruhig ein bisschen schief werden – rustikal halt. Eventuell müssen Sie das Brett für die letzte Seitenwand noch einmal mit der Säge anpassen.
- Nehmen Sie eines der breiten Schwartenbretter als Boden und nageln es fest, so dass es bündig mit der Rückwand abschließt und nach vorne übersteht. Das Dach wird genauso angebracht – aber nicht genagelt, sondern vorgebohrt und geschraubt, damit Sie es zum herbstlichen Saubermachen gut abnehmen können.
- Einen Klecks Holzleim auf die Sitzstange und in das vorgebohrte Loch geben. Kurz antrocknen lassen, dann das Hölzchen ins Loch stecken – fertig.

Schwartenbretter sind die großzügig abgesägte Rinde eines Baumstamms. Sie sind günstig und sehen rustikal aus, können aber harzig sein. Ziehen Sie also am besten Handschuhe an.

GUT BEFESTIGEN lässt sich dieses Häuschen mit der Aufhängeleiste, die an die Rückwand geschraubt und dann an einem Baumstamm festgebunden wird.

MATERIAL
- 6 Schwartenbretter-Stücke, vier davon 20 cm breit, zwei 26 cm; alle 30 cm lang und etwa 2 cm dick
- 1 Stöckchen als Sitzstange, 10 × 1 cm
- Rostfreie Nägel und Schrauben, 3,5 × 40 mm
- Holzleim, Befestigungsmaterial nach Wunsch
- Säge, Raspel, Feile, Bohrmaschine, Akkuschrauber, Hammer
- Lochsägeaufsatz, je nach gewünschter Vogelart 27, 33 oder 35 mm

Dornröschens Schloss

ZEIT 3 Stunden
BAU etwas aufwendiger

VÖGEL Meisen, Kleiber, Sperlinge – das entscheiden Sie durch die Größe des Einfluglochs

MATERIAL
- Rostfreie Schrauben 3,5 × 40 mm
- 2 Scharniere und Riegel plus passende Schrauben
- Rostfreie Nägel und Krampen
- Dornige Äste von Rosen oder Brombeeren
- Ein paar Stöcke, etwa 20 cm lang, Durchmesser 2 cm
- Befestigungsmaterial nach Wunsch
- Säge, Bohrmaschine, Akkuschrauber, Hammer, Gartenschere

- An der Vorderwand die obere Ecke (Höhe 3,5 cm) absägen – das ist das Einflugloch.
- In die beiden Bodenteile bohren Sie mit dem Holzbohrer einige Ablauflöcher.
- Schrauben Sie die beiden Dachplatten so aufeinander, dass sie einen rechten Winkel bilden, die längere auf die kürzere. Die Löcher jeweils vorbohren. Die Vorder- und die Rückwand schrauben Sie von oben durch das Dach hindurch fest, und zwar so, dass dieses an allen Seiten gleichmäßig übersteht. Das Bodenteil 1 – das kleinere – schrauben Sie ebenfalls auf diese Weise fest.
- Für das zweite Bodenteil ist ein bisschen Feinarbeit nötig. Die macht sich aber bezahlt, denn die Klappe erleichtert den alljährlichen Hausputz ungemein. Schrauben Sie das zweite (das große) Bodenteil mit zwei Scharnieren an das erste Bodenteil, so dass man es nach außen aufklappen kann. Auf der gegenüberliegenden Seite befestigen Sie den Riegel. Klappen Sie den Boden hoch und markieren Sie die Stelle, wo der Stift des Riegels das Dach berührt. Genau da bohren Sie ein Loch ins Dachholz (aber nicht durchbohren!), so groß, dass der Riegel hineinpasst und Halt findet.
- Nageln Sie vors Dach und als Landehilfe Stöcke, obendrauf und drumherum kommen Rosenstiele oder Brombeerranken. Die befestigen Sie am besten mit Krampen. Ob schön ordentlich oder wild gekräuselt und verwunschen, entscheiden Sie selbst.

WENN SIE von der Vorderseite die obere Hälfte absägen, können Sie das Märchenschloss auch Nischenbrütern anbieten. Die Bodenklappe ist dann überflüssig.

Anzahl	Name	Material	Höhe/Länge (mm)	Breite (mm)
2	Vorder- und Rückwand	Vollholz 18 mm	150	150
1	Bodenhälfte 1	"	150	150
1	Bodenhälfte 2	"	168	150
1	Dachhälfte 1	"	180	180
1	Dachhälfte 2	"	198	180

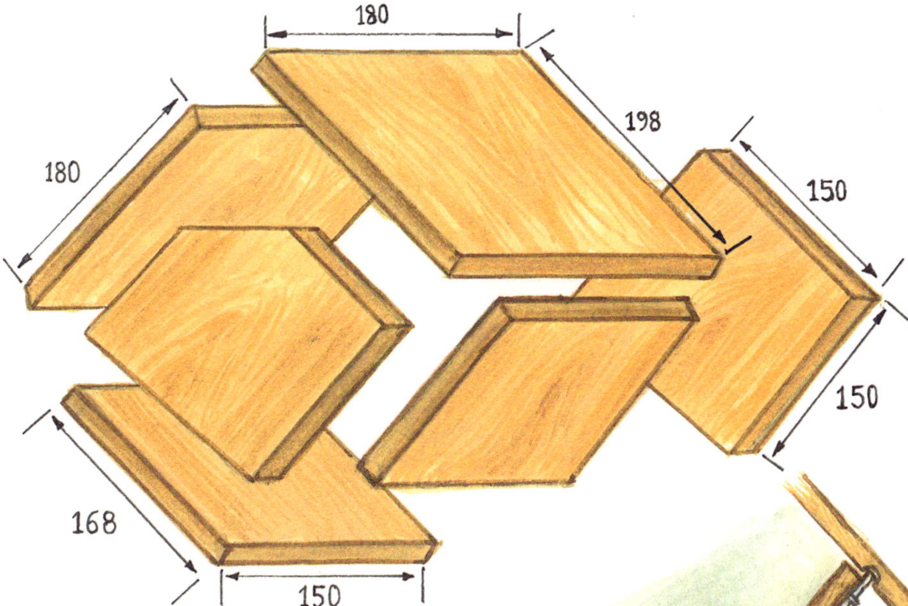
180
180
198
150
150
168
150

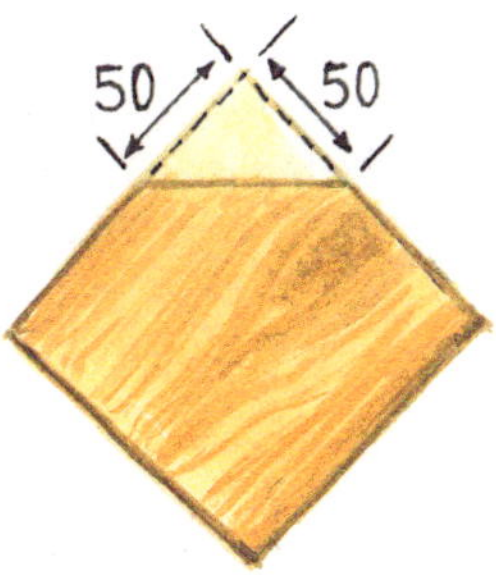
50
50

Aufgemöbelte Altbauten

ZEIT 15 Minuten
BAU sehr einfach

VÖGEL Kleine Nischen- oder Freibrüter wie Hausrotschwanz, Grauschnäpper oder Rotkehlchen

- Falls Ihr Gefäß einen Deckel hat: Ablösen oder aufgeklappt so festbinden, dass er nicht zuklappen kann. Dann das Gefäß gründlich säubern, trocknen lassen und mit trockenem Laub oder Stroh polstern.
- Dann suchen Sie sich einen Strauch oder Baum mit einer schönen Astgabel; in der wird der Teekessel einfach verkeilt. Wer auf Nummer sicher gehen will, bindet ihn fest. Für Rotkehlchen können Sie ihn relativ bodennah im Gebüsch anbringen.
- Wichtig ist, dass die Öffnung wettergeschützt ist und schräg nach oben zeigt, damit die Vögel den Einstieg finden. Die Tülle sollte so stehen, dass sie als Ablauf dienen kann.

WENN IHR Dachboden oder Schuppen an dekorativen alten Kannen und Gefäßen wenig hergibt, bummeln Sie mal wieder über den Flohmarkt. Manchmal gibt es in Gartenmärkten auch nostalgisch gestaltete Neuware – Up-Cycling ist das dann natürlich nicht mehr.

MATERIAL
- Teekessel, Gießkanne, Kaffeekanne, Milchkanne aus Metall oder Emaille, mindestens 1 l Fassungsvermögen und mit männerfaustgroßer Öffnung
- Stroh, Heu oder trockenes Laub
- Evtl. Befestigungsmaterial

Mögen Sie den Trend des Up-Cyclings, bei dem aus alten Sachen wieder Neues wird? Dann sind diese Vogelwohnungen genau das Richtige für Sie.

Palisadenhaus

ZEIT 1/2 Tag
BAU etwas aufwendiger

VÖGEL Nischenbrüter wie Rotkehlchen, Grauschnäpper, Hausrotschwanz, Bachstelze

- Sägen Sie 40 Hölzchen auf ca. 20 cm Länge zu – für den Boden, die Rückwand und die (halbe) Vorderwand. 22 weitere, je 17 cm lange Hölzer brauchen Sie für die Seitenwände und als Traghölzer für die Rückwand. Außerdem benötigen Sie 15 Hölzchen zu je 25 cm für das Dach. Sägen Sie im Zweifel lieber etwas mehr zu.
- Legen Sie zwei 17 cm lange Hölzchen im Abstand von etwa 15 cm parallel nebeneinander; das sind die Traghölzer für die erste Wand. Darauf schrauben Sie dicht an dicht die restlichen 17-cm-Stöcke. Bohren Sie die Löcher jeweils vor. Genauso bauen Sie auch die andere Wand. Für die Rückwand schrauben Sie die 20 cm langen Hölzchen ebenfalls auf zwei der 17-cm-Traghölzer. Wichtig ist, dass am Ende die beiden Seiten und die Rückwand genau die gleiche Höhe haben.
- Auf die gleiche Weise bauen Sie den Boden, nur eben mit den 20 cm langen Stöcken und Traghölzern.
- Aus den fertigen Teilen schrauben Sie dann Ihr Haus zusammen. Die Rückwand auf den Boden, die Seitenwände vor die Rückwand auf den Boden. Auch hier die Löcher vorbohren.
- Schrauben Sie an der Vorderseite von unten beginnend Stöckchen um Stöckchen (20 cm Länge) vor die Seitenwände, bis die Vorderwand bis gut über die Hälfte geschlossen ist. Ganz oben schrauben Sie vor die Seitenwände ebenfalls noch einen Stock – dieser trägt dann zusammen mit dem obersten Balken der Rückwand das Dach und sollte natürlich mit diesem auf einer Höhe liegen.
- Das Dach wird aus den 25-cm-Stöcken zusammengeschraubt, wieder Stöckchen für Stöckchen, aber diesmal längs auf die oberen Abschlussbalken von Vorder- und Rückwand. Vorbohren wie immer nicht vergessen.
- Den Ast schrauben Sie als dekorative Sitzstange von unten an den Boden. Zum Aufhängen die Holzleiste in die Rückwand schrauben – fertig ist das Palisadenhaus.

IM WINTER können Sie das Häuschen zum Restaurant umfunktionieren: Stellen Sie dazu eine Plastikschale mit Futter hinein, und an die Anflugstange hängen Sie Meisenknödel.

MATERIAL
- Viele, möglichst gerade Stöcke (Hasel, Weide), Durchmesser 1,5 bis 2 cm
- Rostfreie Schrauben, 3,5 × 40 mm
- 1 (gegabelter) Ast als Sitzstange, Länge und Dicke nach Geschmack, dazu passende Schraube
- Leiste aus Hartholz, ca. 40 × 2 × 4 cm
- Bohrmaschine, Akkuschrauber, Säge

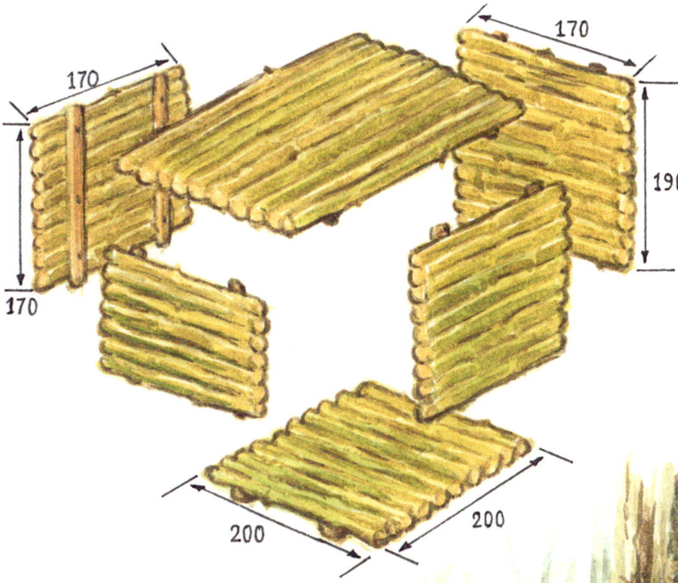

Keine geraden Äste oder nur Holzreste zur Hand? Egal, Ihr Haus sieht dann einfach noch rustikaler aus. Nur zu lückig sollte es nicht werden, sonst zieht es oder regnet hinein.

Bude unterm Giebel

ZEIT 1/2 Tag
BAU aufwendig

VÖGEL Hausrotschwanz, Grauschnäpper

- Messen Sie den Winkel α des Schuppengiebels und die Tiefe t des Dachüberstands. Diese Maße brauchen Sie für die Schablonen, die sie für die einzelnen Bauteile zeichnen, am besten auf Millimeterpapier.
- Für Vorder- und Rückwand brauchen Sie den Winkel α; die Dachseiten a ihres dreieckigen Hauses sollen 30 cm lang sein; das Dreieck, das so entsteht, hat die Bodenlänge b.
- Die Seitenwände sind 30 cm lang (Strecke a) und etwa 6 cm weniger breit, als der Dachüberstand tief ist, damit das Schuppendach als Wetterschutz dient. Diese Breite, also t – 6, ist gleich der Strecke d. Diese sollte mindestens 15 cm betragen, sonst wird es in der Bude zu eng.
- Die Maße des Bodens ergeben sich aus der Breite d und der Länge b – der Bodenlänge der dreieckigen Vorder- und Rückwand.
- Schneiden Sie die Schablonen aus, übertragen Sie die Formen auf das Holz und sägen Sie die Teile aus.
- Von der Vorderwand sägen Sie die obere Spitze (Höhe etwa 10 cm) ab – das ist der Eingang für den Hausrotschwanz.
- Bohren Sie ein paar Ablauflöcher in den Boden.
- Schrägen Sie die Kanten von Dachseiten und Boden an, so dass Sie sich bündig verschrauben lassen. Schrauben Sie die Dachseiten an der Spitze zusammen und dann unten auf den Boden. Von hinten setzten Sie nun die Rückwand dran.
- Jetzt wird das Vogelhäuschen in den Giebel gesetzt und mit Schrauben durch die Dachseiten des Häuschens befestigt.
- Schrauben Sie nun noch die Vorderwand an.

Wer seinen Garten nicht mit Vogelhäuschen zuhängen mag, ist hier goldrichtig – vorausgesetzt, er hat einen Schuppen mit Giebeldach.

WICHTIG IST, dass die Giebelbude geschützt hängt, Ihr Schuppen also nicht zur Wetterseite weist. Kontrollieren Sie das, bevor Sie das Häuschen planen.

MATERIAL
- Ausreichend Vollholz, 18 mm stark, etwa 2 × 2 m
- (Millimeter-)Papier
- Rostfreie Schrauben 3,5 × 40 mm, zum Anbringen evtl. längere
- Geodreieck, Zollstock, Bleistift, Schere, Stich- oder Tischkreissäge, Bohrmaschine, Akkuschrauber
- Lochsägeaufsatz, 37 mm

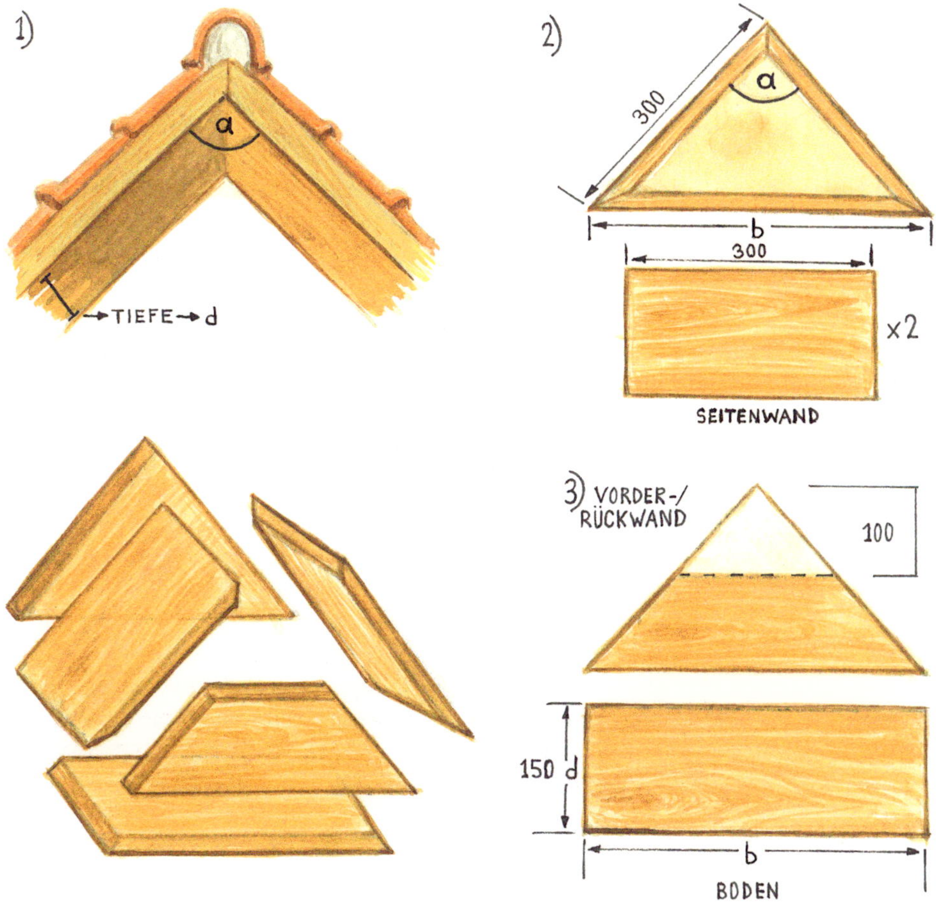
1)
α
TIEFE d
2)
300
α
b
300
x2
SEITENWAND
3) VORDER-/
RÜCKWAND
100
150 d
b
BODEN

My tree ist my castle

ZEIT 1 Stunde
BAU aufwendig

VÖGEL Meisen, Kleiber, Sperlinge oder Rotkehlchen – das entscheiden Sie durch die Größe des Einfluglochs und den Ort.

So manch einer muss Bäume fällen oder dicke Äste kappen, weil sie morsch sind oder den Nachbarn stören. Ihren Gartenvögeln können Sie daraus eine tolle Wohnung bauen.

- Je mürber und morscher der Ast- oder Baumstumpf, desto leichter lässt sich das Innere mit einer kleinen Blumenschaufel herauslöffeln. Haben Sie einen noch kräftigen Baum gestutzt, dann müssen Sie mit Hammer und Beitel ran.
- Für die **ASTSTUMPF-WOHNUNG** sägen Sie das Ende des ausgehöhlten Stumpfes glatt. Mit einem Stück Pappe als Schablone nehmen Sie den Umriss des Astes auf, übertragen ihn auf eine Holzplatte und sägen genau diesen Umriss mit der Stichsäge aus. Bohren Sie mit dem Lochsägeaufsatz das Einflugloch in die Holzplatte und schrauben Sie diese dann auf den Stumpf. Wenn Sie vorbohren, geht es leichter.
- Für die **BAUMSTUMPF-WOHNUNG** sägen Sie horizontal eine große keilförmige Öffnung in den Stumpf. Dafür leihen Sie sich am besten eine Kettensäge. Und wo die schon mal zur Hand ist, begradigen Sie gleich den Stumpf und schrägen ihn leicht an. Die Baumscheibe wird wie ein Deckel mit leichtem Dachüberstand darauf festgeschraubt (wieder vorbohren!). Die Schraubenlänge richtet sich nach der Dicke Ihrer Baumscheibe. Sie sollten durch sie hindurch und dann noch zwei Zentimeter tief in den Stamm reichen. Nageln Sie eventuell mit den Krampen einen Streifen Kaninchendraht wie ein Visier vor die Öffnung – so kommen die Rotkehlchen hinein, nicht aber Nachbars Katze oder andere Nesträuber.

DIE WOHNUNG im Aststumpf ist für alle typischen Höhlenbrüter gedacht; unten im Baumstamm werden sich Nischenbrüter wohl fühlen, vor allem wohl Rotkehlchen.

MATERIAL FÜR DEN BAUMSTUMPF

- 1 passende Baumscheibe
- Rostfreie Schrauben
- Evtl. Kaninchendraht und Krampen
- Bohrmaschine, Akkuschrauber, Kettensäge, Hammer, Stemmeisen, stabiler Löffel oder kleine Gartenschippe

MATERIAL FÜR DEN ASTSTUMPF

- Holzbrett, 18 mm stark
- Rostfreie Schrauben, 3,5 × 40 mm
- Etwas Pappe
- Schere, Stift, Stichsäge, Bohrmaschine, Akkuschrauber, Hammer, Stemmeisen, stabiler Löffel oder kleine Gartenschippe
- Lochsägeaufsatz je nach gewünschter Vogelart 27, 33 oder 35 mm

Bed and Breakfast

ZEIT 1/2 Tag
BAU aufwendig

VÖGEL Nischenbrüter wie Rotkehlchen, Hausrotschwanz, Grauschnäpper

MATERIAL
- Schrauben, 3,5 × 40 mm
- 2 rostfreie Scharniere mit passenden Schrauben
- 2 rostfreie Schraubhaken
- Befestigungsmaterial nach Wunsch
- Geodreieck, Zollstock, Bleistift, Säge bzw. Stichsäge, Bohrmaschine, Akkuschrauber

- Sägen Sie die Seitenteile zu wie in der Zeichnung: An der Rückseite sind sie 35 cm, an der Vorderseite 30 cm hoch.
- Die obere Kante der Rückwand im 75°-Winkel anschrägen, damit das Dach glatt und bündig aufliegt.
- Sägen Sie für die Tischchen die beiden 9 × 9 cm großen Holzquadrate jeweils diagonal durch. Das ergibt die dreieckigen Seitenstreben, mit denen die Tischchen am Haus befestigt werden. Dann schrauben Sie die beiden Tischchen zusammen wie in der Zeichnung angegeben.
- Jetzt geht es weiter mit dem Haus: Setzen Sie die Vorderwand mit zwei Scharnieren an den Boden. Wenn die Vorderwand aufklappt, sollte sie bündig mit dem Boden verlaufen.
- Die Seitenwände links und rechts neben den Boden schrauben, die Rückwand von hinten davorsetzen und danach obendrauf das Dach.
- Zum Schluss schrauben Sie die Tischchen von außen durch die Seitenstreben an den Nistkasten. Das eine Tischchen unten links, und zwar so, so dass es unten bündig mit dem Kastenboden abschließt. Das andere nach oben rechts. In das obere Tischchen drehen Sie auf die Unterseite noch einen Schraubhaken, im Winter können Sie daran Knödel oder Äpfel befestigen.

WEIL DIESES Häuschen im Winter einiges zu tragen hat, sollten Sie es möglichst fest und stabil anbringen.

Anzahl	Name	Material	Höhe/Länge (mm)	Breite (mm)
Für das Vogelhaus				
1	Vorderseite	Vollholz 18 mm	214	200
1	Rückseite	"	350	250
2	Seitenteile	"	350	200
1	Dach	"	350	250
1	Boden	"	214	182
Für die Futterplätze				
2	Bodenplatte	Vollholz 18 mm	182	130
4	Seitenstrebe	"	90	90
2	Rand	"	182	30

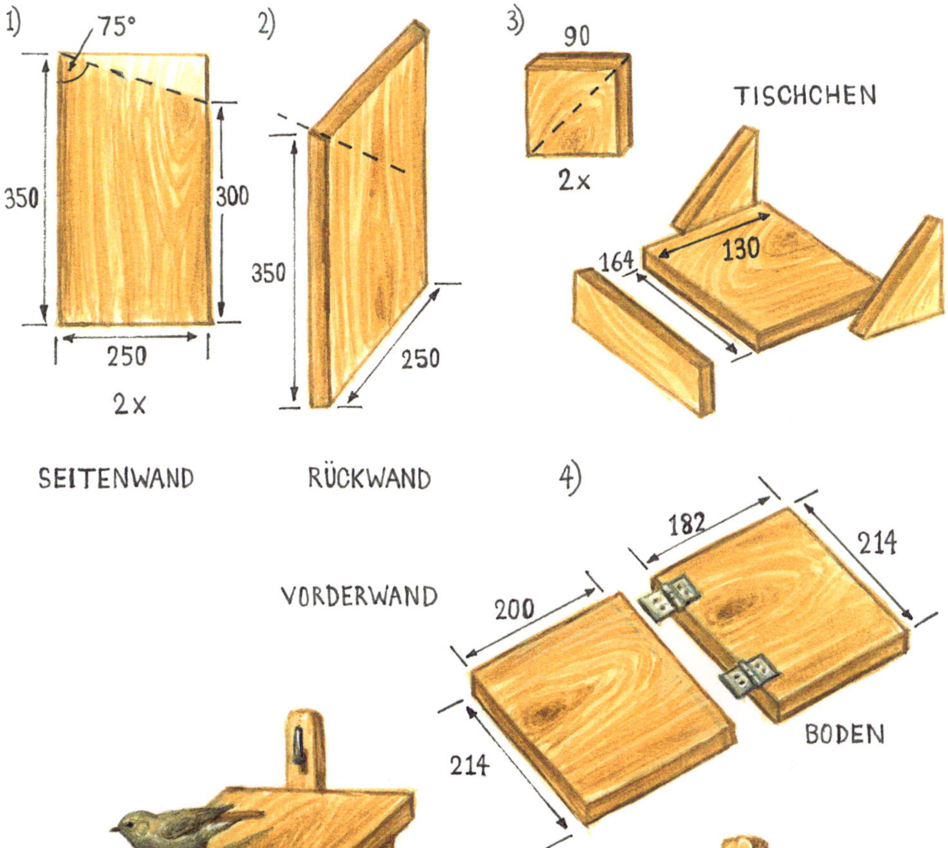

Das Haus für jede Jahreszeit: Im Frühling und Sommer ein Nistkasten, wird es im Winter mit ein paar Handgriffen zum Futterhäuschen.

Einer für alle

ZEIT 3 Stunden
BAU etwas aufwendiger

VÖGEL Meisen, Kleiber, Sperlinge, Gartenrotschwanz – je nach Größe und Form des Einfluglochs; außerdem Nischenbrüter wie Grauschnäpper, Hausrotschwanz, Bachstelze und Rotkehlchen.

MATERIAL

- Rostfreie Schrauben, 3,5 × 40 mm
- Befestigungsmaterial nach Wunsch
- Stichsäge, Raspel, Akkuschrauber, Bohrmaschine
- Lochsägeaufsatz, 27, 32, 33 und 35 mm

- Sägen Sie die Seitenwände schräg, damit das Dach leicht abfällt. An der Vorderseite sind sie 25,5 cm hoch, an der Rückwand 28 cm. Wenn Sie auch die obere Kante der Rückwand und den oberen Teil der Vorderseite leicht anschrägen, liegt das Dach ganz glatt auf.
- Bohren Sie ein paar Ablauflöcher in den Boden.
- Dann schrauben Sie den Kasten wie in der Skizze gezeigt zusammen: Die Vorderwand vor Seitenwände und Boden, die Seitenwände neben den Boden und die Rückwand zwischen Seitenwände und hinter den Boden. Bohren Sie die Löcher jeweils vor.
- Die beiden Gleitschienen werden oben und unten an der Vorderseite angeschraubt, so dass sie jeweils 1 cm überstehen.
- Zum Schluss noch das Dach: Hinten soll es bündig abschließen, vorne überstehen.
- Bohren Sie in die Mitte von dreien der vier Einschubplatten jeweils ein Einflugloch, 27 mm Durchmesser bei der ersten, 33 mm bei der zweiten und 35 mm bei der dritten. In die vierte Einschubplatte bohren Sie ein 32-mm-Loch, dass Sie mit Raspel und Stichsäge zu einem 47 mm langen Oval erweitern – das ist für den Gartenrotschwanz. Soll mal ein Nischenbrüter bei Ihnen nisten, lassen Sie die Einschuböffnung ganz frei.

DIE FORM ist klassisch und optisch eher schlicht. Wenn Sie mögen, können Sie sich aber von anderen Ideen aus diesem Buch inspirieren lassen und das Ergebnis noch nach Herzenslust verzieren.

Anzahl	Name	Material	Höhe/Länge (mm)	Breite (mm)
1	Boden	Vollholz 18 mm	140	140
1	Dach	"	210	200
1	Rückwand	"	280	140
2	Seitenwand	"	280	158
1	Vorderwand unten	"	140	176
1	Vorderwand oben	"	15	176
2	Gleitschiene	"	20	176
4	Einschubplatte	"	98	176

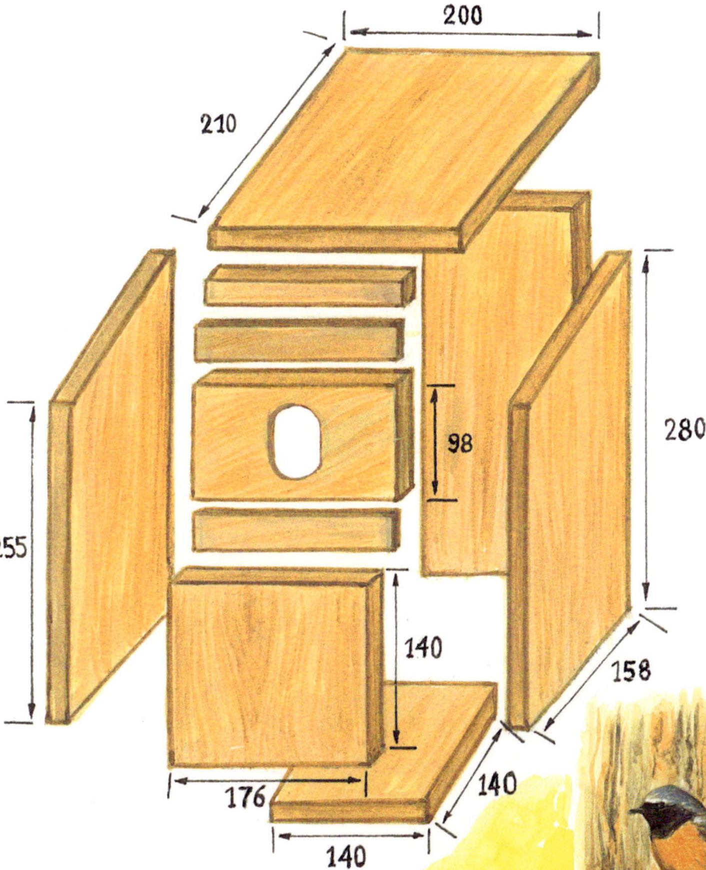

Platzsparend und äußerst flexibel. Mit diesem Kasten können Sie verschiedene Vogelarten anlocken. Im Winter dient er als improvisiertes Futterhaus.

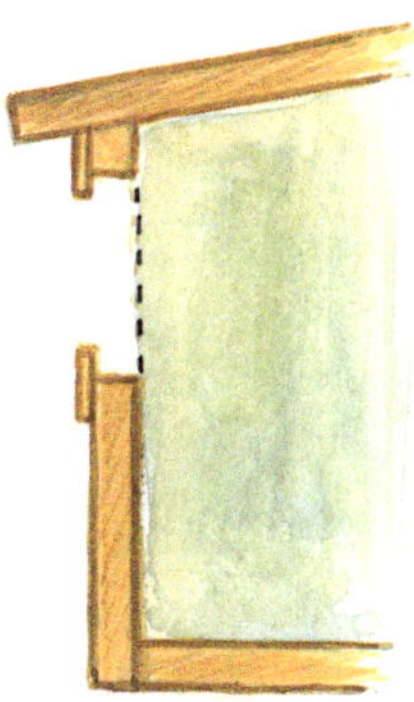

Indianerzelte

ZEIT 3 Stunden, plus Zeit zum Bemalen und Trocknen
BAU mittelschwer

VÖGEL Meisen, Kleiber, Sperlinge – je nach Größe des Einfluglochs

MATERIAL
- Rostfreie Schrauben, 3,5 × 40 mm
- Evtl. etwas Dachpappe und Dachpappenstifte
- Wetterfeste, umweltfreundliche Farbe nach Ihrem Geschmack
- Befestigungsmaterial nach Wunsch
- Schleifpapier, evtl. Kreppklebeband, Stichsäge, Bohrmaschine, Akkuschrauber, Zollstock, Geodreieck, Pinsel
- Lochsägeaufsatz, je nach gewünschter Vogelart 27, 33 oder 35 mm

- Zuerst sägen Sie aus dem Holzstück für die Giebelwände Vorder- und Rückseite zu: zwei gleichschenklige Dreiecke, mit 16 cm langer Grundseite und Schenkeln von je 30 cm (evtl. vorher Schablone zeichnen). Bohren Sie in die Vorderseite mit dem Lochsägeaufsatz das Einflugloch.
- In den Boden bohren Sie mit dem Holzbohrer vier Ablauflöcher. Schrägen Sie die Seitenkanten des Bodens leicht an, damit die Dachhälften gut aufliegen.
- Schrauben Sie Vorder- und Rückseite bündig vor und hinter die Bodenplatte.
- Schrägen Sie mit der Stichsäge die Kanten der Dachteile im sehr spitzen 15°-Winkel an, so dass sie genau aufeinanderpassen. Vorbohren und zusammenschrauben (auf die Schraubenlänge achten!). Wenn's doch etwas schief ist oder Sie ganz sicher sein wollen, dass es nicht hereinregnet, nageln Sie etwas Dachpappe über den First.
- Setzen Sie das Dach aufs Zelt – es sollte vorne nur ganz leicht überstehen – und fixieren Sie es jeweils unten auf den Seitenkanten mit Schrauben (vorbohren nicht vergessen!). Zum herbstlichen Großreinemachen lösen Sie diese Schrauben und heben das Dach einfach ab.
- Jetzt kommt das Muster: Probieren Sie erst mal auf Papier. Wenn Ihnen das Resultat gefällt, übertragen Sie es auf den Nistkasten. Schleifen Sie aber vorher das Holz von außen glatt. Trocknen lassen und aufhängen oder aufstellen, und die Indianervögel können kommen.

SIE KÖNNEN das Häuschen auch als Ritter- oder Prinzessinnenzelt oder was Ihnen sonst noch einfällt bemalen. Wenn jeder in der Familie ein Zelt mit seinem Lieblingsmuster baut, haben Sie ein ganzes Dorf, indem sich besonders die geselligen Sperlinge wohlfühlen werden.

Anzahl	Name	Material	Höhe/Länge (m)	Breite (m)
1	Boden	Vollholz 18 mm	160	150
2	Dachhälfte	"	355	190
1	Giebelwand	"	290	240

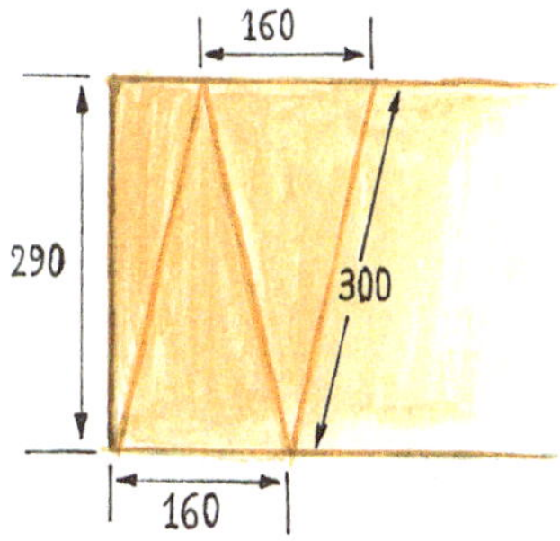
160
290
300
160

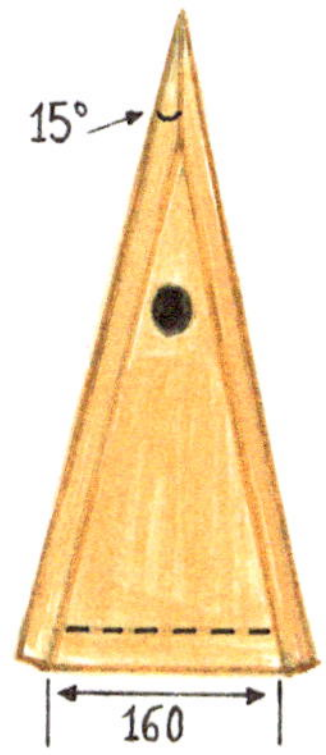
15°
160

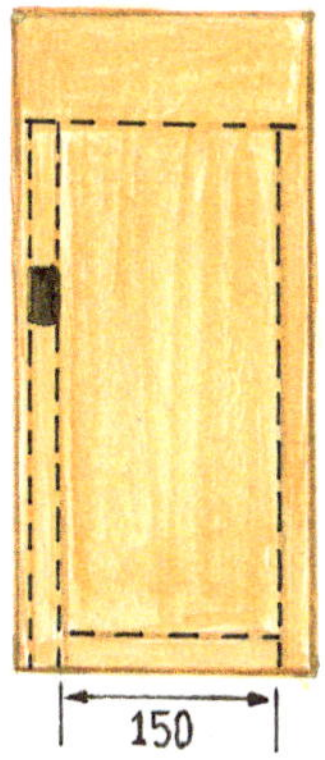
150

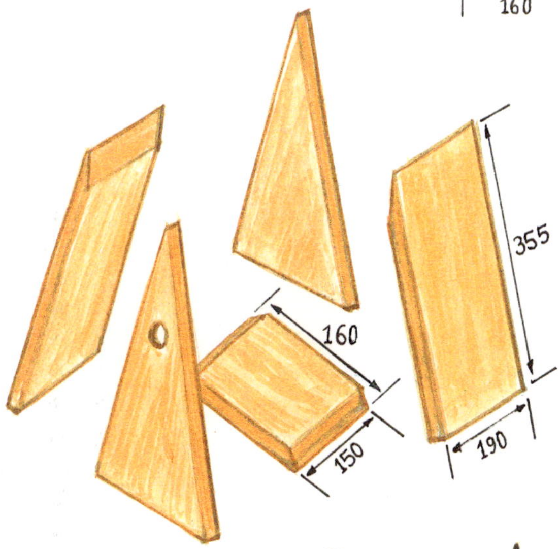
355
160
150
190

Wohnkommode

ZEIT 1 Stunde
BAU sehr einfach

VÖGEL Meisen, Kleiber, Sperlinge – das entscheiden Sie durch die Größe des Einfluglochs

- Vielleicht haben Sie so eine alte Mini-Kommode auf dem Speicher oder im Keller. Wenn nicht: Im Mitnahme-Möbelmarkt werden Sie sicherlich fündig. Das Holz sollte massiv sein und nicht zu dünn.
- Solche kleinen Kommoden haben als Griffe oft Löcher. Passt deren Durchmesser für Höhlenbrüter, dann sind Sie eigentlich schon fast am Ziel. Zu kleine Öffnungen können Sie mit Raspel, Feile oder Stichsäge erweitern. Oder Sie nehmen die Schubladen heraus, drehen sie um und bohren in die neue Vorderfront mit dem Lochbohreraufsatz ein Loch in der gewünschten Größe.
- Als kleine Dekoration können Sie auf jede Schublade noch eine Hausnummer malen. Wenn Sie sich aus Pappe eine Schablone basteln, müssen Sie nur noch drüberpinseln.
- Um die Kommode für Nischenbrüter herzurichten, bohren Sie keine Löcher, sondern sägen einfach nur das obere Drittel der Schubladenfront ab. Oder noch einfacher: Ziehen Sie die Schubladen ein Stück heraus.

STELLEN SIE die Wohnkommode an einem erhöhten, wettergeschützten Platz, vielleicht auf dem Brennholzstapel an der Schuppenwand auf. Zu kippelig? Dann schrauben Sie das gute Stück mit zwei rostfreien Winkeln an die Wand.

MATERIAL
- Kleine Massivholzkommode
- Umweltfreundliche, wetterfeste Farbe
- Pappe für die Schablonen
- Stichsäge, Bohrer, Pinsel, Schere
- Lochsägeaufsatz je nach gewünschter Vogelart 27, 33 oder 35 mm

Dieses Häuschen ist besonders einfach zu säubern: Sie brauchen dazu nur die Schubladen herausnehmen, ausleeren und waschen.

1
2
3
4
5
6

Spatzenhochhaus

ZEIT 1 Tag
BAU aufwendig

VÖGEL Sperlinge

MATERIAL
- Rostfreie Schrauben, ca. 3,5 × 40 mm
- 2 Scharniere, 1 Ösenschraube, 1 passender Haken
- Befestigungsmaterial nach Wunsch
- Zollstock, Geodreieck, Bleistift, Stichsäge, Bohrmaschine, Akkuschrauber
- Lochbohreraufsatz, 35 mm

- Zuerst sägen Sie Vorder- und Rückwand oben dreieckig zu: ein rechtwinkliges, gleichschenkliges Dreieck von 9 cm Höhe (nicht Kantenlänge!). Die Seitenwände im 45°-Winkel anschrägen, damit das Dach glatt aufliegt.
- Schrauben Sie die erste Seitenwand neben die kurze Bodenseite. Die Löcher vorbohren. Markieren Sie nun innen auf beiden Seitenwänden die Lage der Zwischenböden – der erste hat 25 cm Abstand vom Boden, der zweite 25 cm vom ersten. Vorbohren und festschrauben.
- Markieren Sie auch innen auf der Vorderwand den Verlauf der Zwischenböden. Bohren Sie dann mit dem Lochbohraufsatz jeweils ins obere Drittel der so entstandenen Wohnungen das Einflugloch. Mittels einer senkrechten Hilfslinie lassen sich die Löcher exakt untereinander ausrichten.
- Sägen Sie an der Vorderwand 10 cm unterhalb der Spitze den Giebel waagerecht ab: der obere Teil wird später fest angeschraubt, der untere bildet die aufklappbare Tür.
- Schrauben Sie nun das Haus zusammen: Von hinten die Rückwand an den Boden. Vorne oben vor die Seitenwände das Giebelstück. Die beiden Dachplatten schrauben Sie rechtwinklig aufeinander und dann hinten bündig auf dem Haus fest, so dass vorne ein kleiner Dachüberstand bleibt.
- Zum Schluss die beiden Scharniere an die Türkante schrauben, dann die Tür mit den Scharnieren außen an die linke Seitenwand. In die andere Seitenkante der Tür drehen Sie etwa in der Mitte eine Ösenschraube. An der rechten Seitenwand befestigen Sie den Verschlusshaken dazu.

SPATZEN SIND nicht scheu – befestigen Sie das Hochhaus an Terrasse oder Balkon, und Sie werden immer Leben vor der Bude haben!

Anzahl	Name	Material	Höhe/Länge (mm)	Breite (mm)
2	Vorder-/Rückwand	Vollholz 18 mm	800	180
2	Seitenwand	"	710	140
3	Boden/Zwischenboden	"	144	140
1	Dachhälfte 1	"	190	157
1	Dachhälfte 2	"	190	175

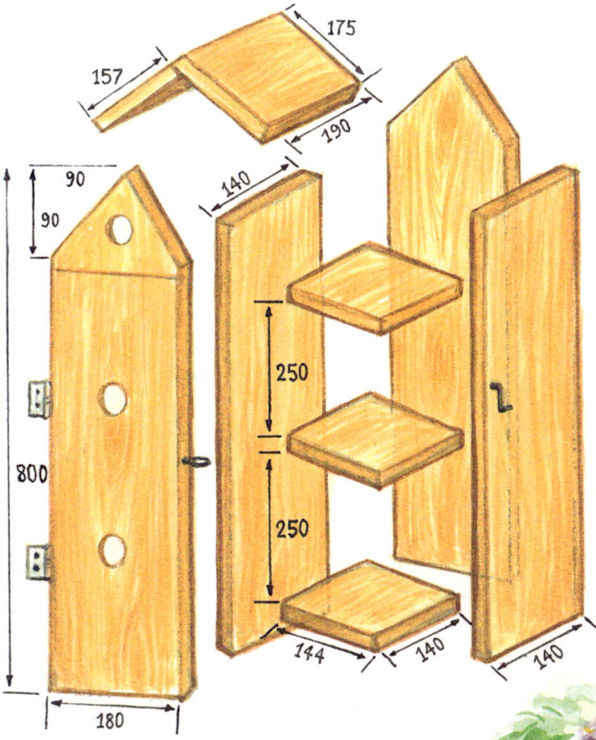

Haussperlinge leben in Gruppen und brüten gerne in Gesellschaft. Drei Wohneinheiten nebeneinander sind hier das Minimum.

Eine Tasche für den Stamm

ZEIT 1/2 Stunde – mit Häkelschal-Verzierung mehr
BAU einfach

VÖGEL Rotkehlchen, Amsel, Singdrossel, Zaunkönig

- Bündeln Sie die Ruten auf gleicher Länge und binden Sie das eine Ende mit Draht an den Baumstamm, in einer Höhe von 1,50 bis 1,70 m und so, dass das Büschel erst mal nach unten hängt.
- Wichtig ist, dass Sie die Tasche nicht an der Wetterseite des Stammes anbringen – also nicht im Norden, dort, wo das Moos wächst.
- Das ganze Bündel wird dann so nach oben gebogen, dass sich zwischen Stamm und Ruten eine Tasche bildet. Das zweite Ende dann ebenfalls mit Draht festzurren.
- Die offenen Seiten und lückige Stellen verblenden Sie mit Kiefernzweigen, Ginster oder anderem langlebigem Immergrün – fertig.

MACHEN SIE aus der eher klassischen Nisttasche eine echte It-Bag. Messen Sie dazu den Stammumfang an der oberen Befestigungsstelle und häkeln Sie aus Wollresten einen ebenso langen, bunten Schal. Um den Stamm legen, zuhäkeln, fertig.

MATERIAL
- Ruten von Birke, Hasel, Weide, 1 bis 1,50 m lang und frisch geschnitten, damit sie sich gut biegen lassen
- Kiefernzweige, Ginster oder anderes langlebiges Immergrün
- Draht
- Evtl. Maschendraht, Maschenweite 35 bis 50 mm
- Evtl. Bänder oder Wollreste, Häkelnadel
- Zollstock, Astschere, Kneifzange

Sie können die Nisttasche mit Maschendraht umhüllen und so Eier und Küken vor Nesträubern schützen.

Baumläufer-Dreieck

ZEIT 1/2 Tag
BAU einfach

VÖGEL Baumläufer

Das allerschnellste Baumläuferhaus geht so: Große Stücke Rinde mit der Borke nach außen so an einen Stamm binden, dass sich ein Hohlraum bildet und eine kleine Einschlupföffnung bleibt.

- Übertragen Sie die Maße auf das Holz und sägen Sie die Einzelteile zurecht: Vorderseite, Boden, zwei Seitenteile. Eine Rückwand gibt es nicht; das fertige Dreieck soll sich direkt an den Baum schmiegen. Das funktioniert aber nur bei dicken Stämmen. Bei dünnen Bäumchen haben Sie drei Möglichkeiten: a) mit der Säge den Kasten der Rundung des Stammes anpassen, b) die Lücken mit Rinde, Reisig, Laub oder Stroh stopfen oder c) eben doch eine Rückwand bauen (37 × 15 cm).
- Bohren Sie alle Löcher vor. Setzen Sie zuerst die Seitenteile links und rechts an die Bodenplatte, so dass sie hinten bündig abschließen. Die Vorderkante des Bodens schrägen Sie etwa im 65°-Winkel an, so dass die Vorderwand glatt aufliegt.
- Als Aufhängung nageln Sie oben und unten je zwei Krampen an. Durch die fädeln Sie Sisalkordel oder Draht und binden damit das Haus an den Baum.
- Hübsch sieht es aus, wenn Sie den Kasten noch mit Rindenholz bekleben. (Falls Sie selbst keines haben, fragen Sie beim Förster, Brennholzhändler oder Sägewerk nach.) Sägen Sie das Rindenholz zu kleinen Leisten, etwa 2 cm breit und so lang, dass sie jeweils längs auf Deckel (37 cm), Boden (15 cm) und Seitenteile (32 bzw. 18,5 cm) passen. Dann eine nach der anderen mit Leim bestreichen und aufkleben.
- Lassen Sie das Haus zwei Tage trocknen, bevor Sie es in den Garten hängen.

DIE MEISTEN Kästen für Baumläufer sind dreieckig – wichtig ist aber in erster Linie, dass der Eingang direkt am Stamm liegt. Entsprechend abgewandelt, können Sie Baumläufern also auch andere Kästen aus diesem Buch als Wohnung anbieten.

MATERIAL

- Holz, 18 mm, Maße siehe Zeichnung
- Rostfreie Schrauben, 3,5 × 40 mm
- Zum Aufhängen: rostfreie Krampen; Sisalkordel oder Draht
- Rindenholz
- Holzleim
- Säge bzw. Stichsäge, Bohrmaschine, Akkuschrauber, Hammer, Pinsel

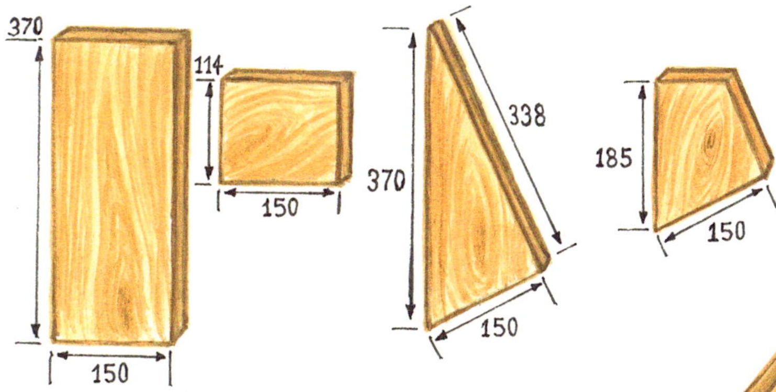
370
150
114
150
370
338
150
185
150

Königskugel

ZEIT 3 Stunden
BAU aufwendig

VÖGEL Zaunkönig

- Aus Weidenzweigen eine Kugel formen. Schlingen Sie dazu eine Rute ineinander, bis sie einen Ring von 20 cm Durchmesser bildet. Er legt den Innendurchmesser der Kugel fest. Insgesamt brauchen Sie 5 bis 7 solcher Ringe.
- Die Ringe werden wie ein Gerüst ineinandergesteckt, so dass eine Kugel entsteht. An den Kreuzungspunkten können Sie die Ringe zusammenbinden.
- Fädeln Sie nun weitere Weidenruten über, unter und zwischen dieses Gerüst, bis eine lockere Kugel entstanden ist.
- Die Ruten stets mit dem dicken Ende voran. Beide Enden gut feststecken, damit keines innen oder außen herausragt. Die Kugel gleicht eher einem schiefen Ei? Kein Problem. Hauptsache, der Innenraum ist etwa handballgroß.
- Weben Sie nun immergrünes Reisig und Moos zwischen die Weidenstäbe, damit es schön dicht und gemütlich wird. Die Vögel sollten aber noch rein- und rausschlüpfen können!
- Zum Schluss versäubern: Schneiden Sie überstehende Spitzen, Äste und Blätter ab.
- Das Haus ist nun eigentlich fertig. Doch wo echte Könige und Königinnen wohnen sollen, kann ein bisschen Glamour nicht schaden. Nehmen Sie getrocknete Rosen und andere dekorative Blüten, Hagebutten, Muscheln, Federn – was Sie gerade zur Hand haben – und stecken, binden oder kleben Sie sie rund um die Kugel.
- Mit Schnur oder Draht aufhängen – Seine Majestät kann kommen.

Auch andere Vögel mögen diese Kugeln, Rotkehlchen zum Beispiel. Und wenn Sie Amseln einladen wollen, bauen Sie die Kugel größer, z. B. mit 30 cm Innendurchmesser.

DIESE UNTERKUNFT ist nichts für die Ewigkeit. Nur das Gerüst aus Weidenzweigen hält einige Jahre, der Rest verwittert und verwelkt und ist schlecht zu reinigen. Aber so können Sie jeden Frühling aufs Neue kreativ werden.

MATERIAL

- Viele dünne, noch frische Weidenzweige
- Bindfaden
- Immergrünes Reisig: Ginster, Buchs, Thuja, Eiben; Moos
- Trockenblumen oder -beeren und anderes als Dekomaterial
- Draht oder Sisalkordel zum Aufhängen
- Astschere, Schere

1)
2)
3)
4)

Penthouse

ZEIT 1 Tag
BAU sehr aufwendig

VÖGEL Mauersegler

Bauen Sie dieses Haus am besten zu zweit: Sie müssen zum Messen hoch auf die Leiter und eine Menge Holz verarbeiten, außerdem wird das Werkstück beim Bauen schwer und sperrig.

MATERIAL
- Holz 18 mm, Menge abhängig vom Dachmaß
- Rostfreie Schrauben, ca. 3,5 × 40 mm
- Papier, Pappe, Bleistift
- Zollstock, Geodreieck, Schere, Säge, Stich- oder Kreissäge, Bohrmaschine, Akkuschrauber
- Lochsägeaufsatz, 30 mm

- Bei diesem Haus nehmen Sie selber Maß und entwerfen den Bauplan. Wichtig ist vor allem die Schräge unterm Dach (falls das bei Ihnen schräg ist), denn aus ihr ergeben sich die Maße für Seitenwände und Rückwand.
- Die Vorderfront ist 15 cm hoch und 35 cm breit. Sie wird angeschraubt, so lässt sie sich nach der Brutsaison zum Reinemachen abnehmen.
- Der Kasten sollte mindestens 17, besser 20 cm tief sein (Maß a), denn Mauersegler brauchen eine Grundfläche von mindestens 15 x 25 cm. Die genaue Form der Seitenwände passen Sie Ihrem Dach an. Ist dieses schräg, werden die vorne 15 cm hohen Seitenteile nach hinten entsprechend höher (Maß b). Eine Schablone aus Pappe hilft beim Ausmessen und Übertragen auf das Holz.
- Die Bodenplatte ist 31,4 cm breit. Ihre Tiefe ist die Gesamttiefe des Kastens (Maß a) minus die Holzdicke der Vorderfront (18 mm).
- Übertragen Sie die Maße aller Bauteile aufs Holz und sägen Sie die Teile aus.
- Bohren Sie seitlich in die Vorderfront mit dem 30-mm-Lochsägebohrer das Einflugloch und erweitern dieses dann mit Raspel und Stichsäge auf ein 7 cm langes, waagerechtes Oval. Wichtig: Das Loch darf nur 2 cm über dem Kastenboden liegen, sonst schaffen es die Jungvögel nicht hinaus.
- Einige Ablauflöcher in die Bodenplatte bohren.
- Schrauben Sie die Vorderfront vor und die Rückwand auf die Bodenplatte; die Seitenwände daneben.
- Jetzt wird das Penthouse aufgehängt: am besten mit stabilen Metallwinkeln an die Unterseite ihres Dachs.
- Mauersegler leben hoch oben in der Luft, 4 bis 5 m hoch sollte das Haus mindestens hängen, damit sie es auch finden. In dieser Höhe auf der Leiter zu stehen und zu werkeln ist nicht jedermanns Sache. Wer nicht schwindelfrei ist, sollte das jemandem überlassen, der daran gewöhnt ist: dem Hausmeister, Gärtner oder Dachdecker.

MAUERSEGLER BRÜTEN gerne gesellig – bauen Sie also gleich mehrere Penthouses für sie.

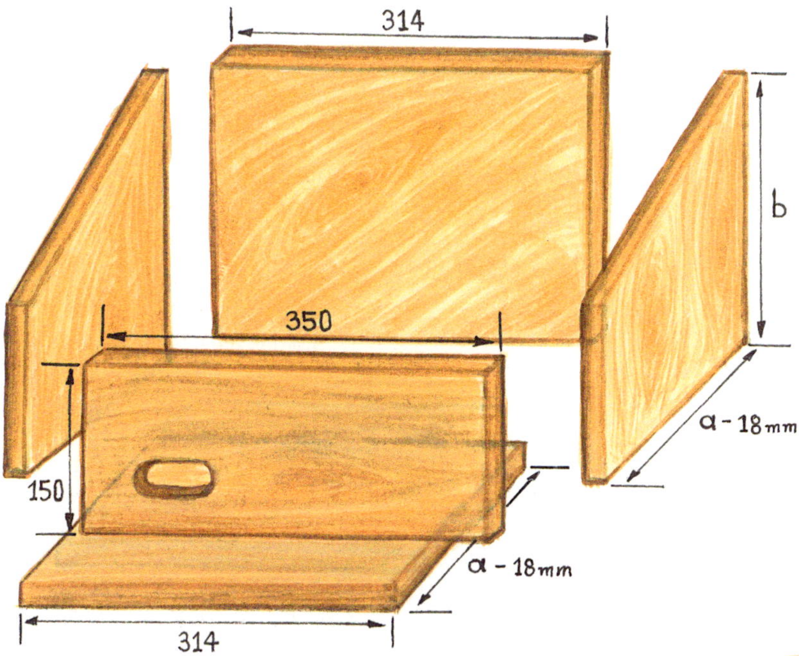
314
b
350
a - 18mm
150
a - 18mm
314

Schwalbenbrett

ZEIT 2 Stunden
BAU einfach

VÖGEL Mehlschwalbe, Rauchschwalbe

MATERIAL
- Rostfreie Schrauben, 3,5 × 40 mm
- Befestigungsmaterial nach Wunsch
- Säge bzw. Stichsäge, Bohrmaschine, Akku-schrauber

- Für das **EINFAMILIENNEST**: Schrauben Sie zuerst die kleinen Randleisten rundherum auf die Grundplatte. Dann sägen Sie das Brett für die Stützplatte einmal diagonal durch, so dass Sie zwei gleich große Dreiecke erhalten. Eines davon schrauben Sie als Stütze von oben hochkant an die Unterseite der Grundplatte; es soll genau in der Mitte sitzen und hinten bündig abschließen. Das zweite Dreieck wird nicht gebraucht – es sei denn, Sie bauen ein weiteres Schwalbenbrett. Die Löcher jeweils vorbohren.
- Für das **ZWEIFAMILIENNEST**: Bohren Sie die Löcher vor und schrauben Sie die Trennwand in die Mitte der Rückwand, Dach und Fußboden werden bündig davorgesetzt.
- Jetzt müssen Sie noch entscheiden, wo Sie die Nisthilfen anbringen: Rauchschwalben bauen ihr Nest am liebsten drinnen, in Ställen oder Scheunen. Wenn Sie Stadtbewohner sind, werden Sie wohl lieber Mehlschwalben zu sich einladen wollen, denn die nisten draußen. Das Einfamilienbrett hängen Sie unter einen Dachüberstand oder an eine andere geschützte Stelle; beim Zweifamilienbrett ist das nicht so wichtig – es hat ja ein kleines Dach. Je nach örtlichen Gegebenheiten schrauben Sie das Brett direkt oder mittels einer Aufhängeleiste an die Wand.

SCHWALBEN FEHLT es oft nicht nur an Nistplätzen, sondern auch am Baumaterial. Wenn Ihr Garten lehmigen Boden hat, können Sie ihnen ganz einfach helfen: Buddeln Sie eine kleine Kuhle und halten Sie sie von Mai bis Juni feucht. Wenn es bei Ihnen nur Sand und Asphalt gibt, legen Sie eine Kuhle mit Teichfolie aus und füllen einige Eimer lehmige Erde hinein.

Anzahl	Name	Material	Höhe/Länge (mm)	Breite (mm)
Einfamilienbrett				
1	Brett	Vollholz 18 mm	180	160
1	Stützplatte	"	180	180
4	Randleiste	"	160	20
Zweifamilienbrett				
2	Ober-/Unterseite	Vollholz 20 mm	320	160
1	Rückwand	"	320	140
1	Zwischenwand	"	140	140

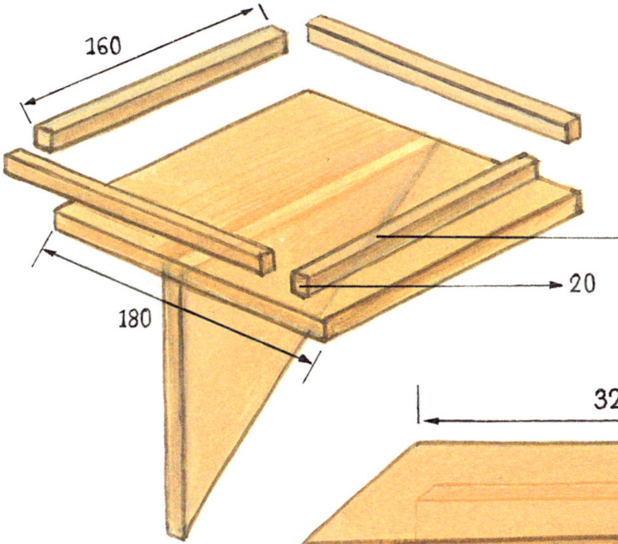

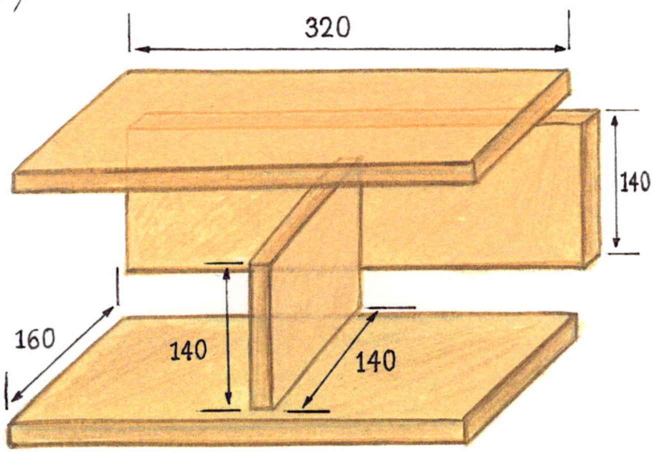

Praktische Nisthilfe für Schwalben mit integriertem Kleckerschutz.

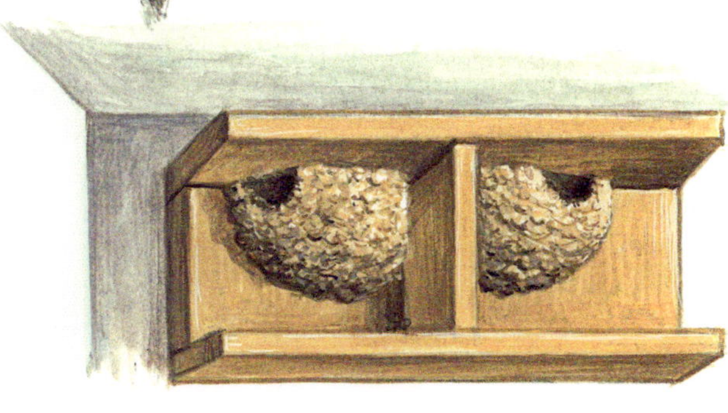

Schwalbenkugel

ZEIT 2 Stunden
BAU einfach

VÖGEL Mehlschwalbe

- Die Styroporkugel in vier Teile schneiden. Eine Viertelkugel in Frischhaltefolie wickeln und auf ein Stück Pappe legen. Ein weiteres Stück Pappe oder ein altes Brett hochkant an die Viertelkugel stellen. So werden die Ränder von alleine gerade.
- Gips und Sägespäne im Verhältnis 2:1 mischen und dann nach Packungsangabe mit Wasser mischen. Die Masse sollte breiig, aber nicht flüssig sein.
- Das eingewickelte Styroporstück außen etwa 1 cm dick mit der Gips-Sägemehl-Masse bestreichen.
- Den Eingang nicht vergessen: Einfach am geraden Rand mit den Fingern ein etwa 4 cm breites und 2 cm hohes Loch freischieben.
- Mindestens einen Tag trocknen lassen, dann vorsichtig die Gipsschale von der Styroporkugel lösen.
- Schrauben Sie nun die beiden Haltebretter so zusammen, dass sie einen rechten Winkel bilden.
- Kleben Sie nun die Gipskugel mit der Heißklebepistole auf das Brett, schrauben Sie sie zusätzlich fest und lassen das Ganze einen weiteren Tag trocknen.
- Hängen Sie das Nest geschützt an eine Außenwand. Sie können einen halben Meter darunter noch ein sogenanntes Kotbrett anbringen, der Fassade und dem Boden zuliebe.

Dieses Haus ist schwer zu reinigen. Zum Glück machen Schwalben vor der neuen Brut selbst recht gründlich sauber.

SCHWALBEN LEBEN gerne in Gesellschaft; bauen Sie also ruhig aus allen vier oder noch mehr Kugelvierteln Nester und schrauben Sie sie nebeneinander auf ein breiteres Brett.

MATERIAL
- 2 Holzstücke, 20 × 18 cm, 18 mm dick
- Schrauben, 3,5 × 40 mm
- Styroporkugel, 20 cm Durchmesser, innen hohl (Bastelladen)
- 1 kg Gips, Wasser, Sägespäne
- Frischhaltefolie, Pappe
- Befestigungsmaterial nach Wunsch
- Bohrmaschine, Akkuschrauber, Heißklebepistole, scharfes Messer, Spatel, Eimer

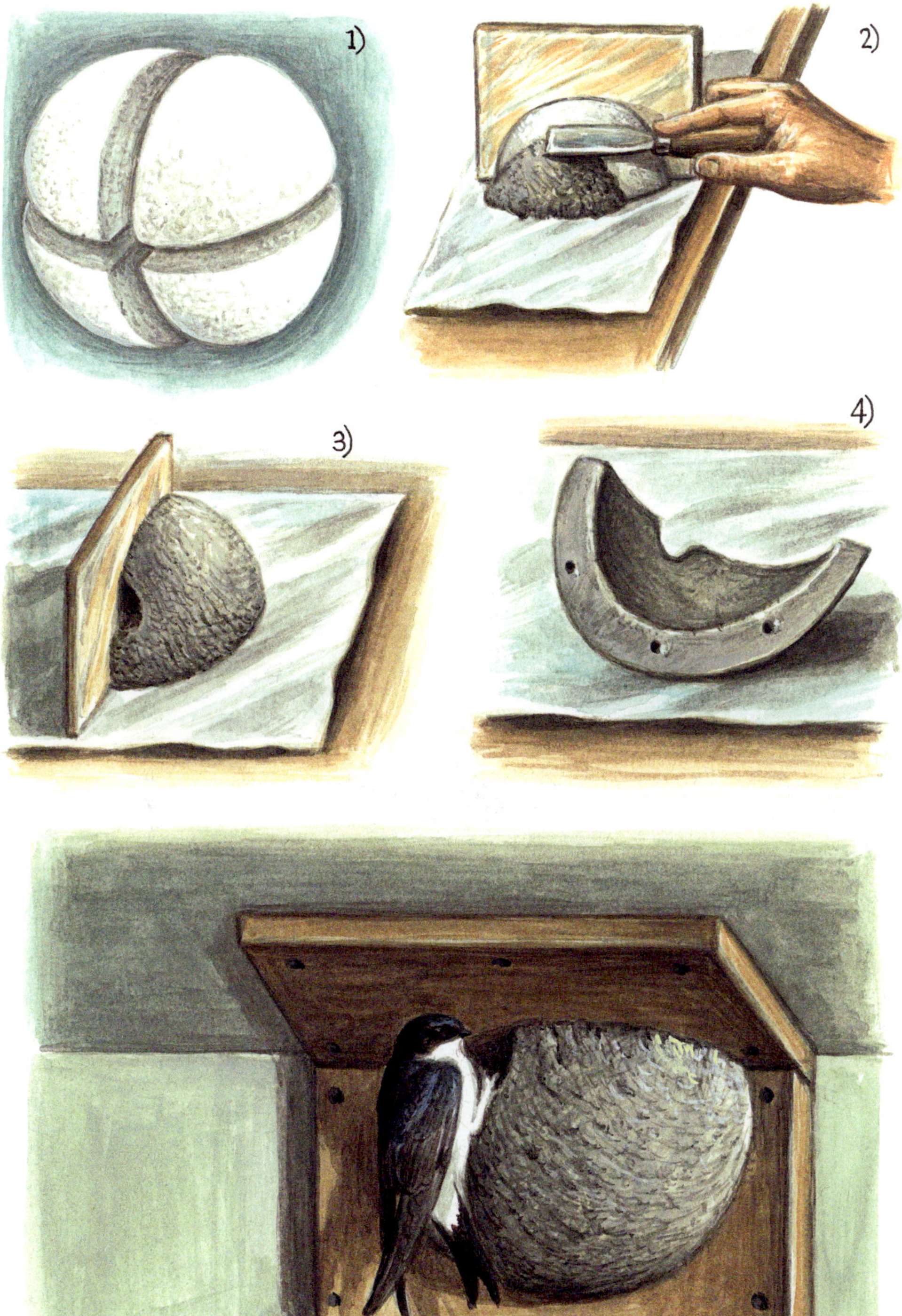
1)
2)
3)
4)

Restaurants für Vögel

Vögel füttern, wann und wie?

Lieber gar nicht füttern als falsch, sagen Vogelexperten oft. Das klingt streng und kompliziert. Dabei kann man so viel gar nicht falsch machen – und wir sagen Ihnen, was wichtig ist.

Trotz Eis und Schnee was Gutes zu knabbern – dieser Gimpel lässt es sich schmecken.

Selbst gemachtes Vogelfutter sieht hübsch aus.

Füttern, warum überhaupt?

Das Thema wurde und wird von Vogelliebhabern, Vogelfachleuten und Umweltexperten kontrovers, emotional und durchaus mit einer Prise Starrsinn diskutiert. Eines vorweg: Eine klare Antwort – richtig oder falsch – gibt es nicht. Es kommt immer auf den Standpunkt an. Zum Beispiel ob man meint, Vögel am Futterhäuschen zu beobachten sei eine Freude, die man sich als Stadtmensch einfach gönnen muss. Oder ob man der Ansicht ist, dass unsere Vögel Jahrtausende ohne Meisenknödel ausgekommen sind und dass, wer füttert, die natürliche Auslese kranker, schwacher oder anderweitig untüchtiger Tiere verhindert.

Kulturfolger profitieren

Ein paar Fakten gibt es aber: In Deutschland brüten 250 Vogelarten regelmäßig, doch selbst an gut besuchten Futterhäuschen tauchen davon kaum mehr als 20 Arten auf, in der Regel solche, die sich als sogenannte Kulturfolger in Gärten und Parks und in der Nähe des Menschen recht wohl fühlen und außerdem gut zurechtkommen mit dem, was wir ihnen an Futter so alles vorsetzen. Bei diesen Arten senkt das Füttern die Wintersterblichkeit. Eine kalte Nacht, nach der kein Frühstück aufzutreiben ist, weil alles unter einer Schneedecke verborgen liegt, kann nämlich schon ausreichen, um einen kleinen Vogel zu töten.

Nichts geht über Mutter Natur

Aber wo sind die anderen Vögel? Einige verweilen gemütlich im warmen afrikanischen Winterquartier, und Vertreter großer Arten versorgen sich aus Abfalleimern. Aber es gibt auch viele eher scheue, seltene oder gar bedrohte Arten, die sehr spezielle Bedürfnisse an Lebensraum und Nahrung haben. Diesen sogenannten Kulturflüchtern nützt ein hübsches Futterhäuschen nichts – ihnen ist nur mit intakter Natur gedient, in der sie ihre speziellen Bedürfnisse selbst erfüllen können. Und die wird immer rarer.

Frau Amsel in der Badewanne.

AUCH IM SOMMER FÜTTERN?

Die Sommerfütterung war früher verpönt, heute wird sie von einigen Vogelfreunden empfohlen. Weil die Vögel in unserer flurbereinigten und durch die Klimaveränderung durcheinandergebrachten Natur das ganze Jahr über einfach zu wenig zu fressen finden. Und natürlich: Wer sich Vögel zum Nisten einlädt, fühlt sich auch für ihr leibliches Wohl verantwortlich.

EIN TEUFELSKREIS

Allerdings sollte man sich darüber im Klaren sein, dass die Zutaten für all die Meisenknödel, Erdnusssäckchen oder Körnermischungen irgendwo angebaut werden müssen; und das wird wahrscheinlich auf großen Äckern mit Monokulturen passieren, die von Hecken und Gebüsch gesäubert und durch

KRANKHEITSBÖRSE VOGELHAUS?

Vögel klecksen, wo sie auch fliegen und sitzen. Und Vogelkot ist ein guter Nährboden für Salmonellen und andere Krankheitserreger. Zusammen mit der Enge, die an der Futterstelle herrscht, sind das hervorragende Bedingungen, um Krankheiten schnell zu verbreiten. Reinigen Sie Ihr Häuschen daher mindestens einmal in der Woche mit Bürste und heißem Wasser. Wenn Sie im Sommer füttern, sogar jeden Tag. Futtersilos sind hygienischer, hier reicht eine Reinigung alle paar Wochen. Wichtig: Tragen Sie Handschuhe, damit Sie sich selber nichts einfangen. Und wenn Sie kranke oder tote Vögel in ihrer Umgebung sehen, schließen sie ihr Restaurant sofort für ein paar Tage.

das Spritzen von Chemie von Wildkräutern und Insekten befreit wurden – ganz gleich, ob bei uns oder in Afrika, in Asien oder Südamerika. So schließt sich der Kreis.

Ganzjährig sinnvoll: Wasser

In vielen Siedlungen, aber auch in weiten Teilen der freien Landschaft, gibt es kaum natürliche Gewässer. Und wenn ja, sind sie wegen ihrer steilen Ufer oft schwer zugänglich, oder die Strömung ist zu stark. Ein bisschen Wasser ist für viele Vogelarten aber lebenswichtig: zur Kühlung oder zur Federpflege – und natürlich, um den Durst zu stillen. Den Vögeln Wasser anzubieten ist also immer sinnvoll. Und als Nebeneffekt bleiben Ihnen dann auch mehr von Ihren Erdbeeren und Kirschen, denn die Vögel fressen die saftig-süßen Früchte auch wegen ihres Wassergehalts.

Der Standort

Die Futterstelle sollte geschützt aufgestellt werden und ein Dach oder einen Dachüberstand haben. Futterhäuschen direkt am Fenster sind sehr schön – für uns Menschen. Für die Vögel aber stellen sie eine ziemliche Gefahr dar, wenn sie beim Starten oder Landen die Fensterscheibe übersehen. Insgesamt jedoch können Sie Ihrer Fantasie mehr Freilauf lassen als bei den Nistkästen. Denn wenn's ums Fressen geht, sind die Vögel weniger wählerisch.
Wassertränken stellen Sie am besten an einem gut einsehbaren Platz auf, damit die Vögel beim Planschen nicht von Feinden überrascht werden. Das Wasser sollten Sie täglich austauschen.

Vorher an den Futterplatz gewöhnen?
Einer Eingewöhnung bedarf es nicht. Wenn Hunger und Kälte sie treiben, finden Vögel das Futterhäuschen im Nu. Außerdem haben Sie Ihren Garten ja vogelfreundlich gestaltet – dann sind die Vögel sowieso oft bei Ihnen.

Welches Futter für wen?

Natürlich können Sie auch daraus eine Wissenschaft machen und für jede Art, die bei Ihnen vorbeischaut, das richtige Futter bereithalten: ein fruchtiges Müsli für Amseln und Drosseln, knackige Körner für Finken und Meisen. Sie können auch Obst schnippeln, Nüsse hacken und Rosinen auslegen, Haferflocken in Öl anrösten und für die Rotkehlchen Mehlwürmer mit der Post ins Haus kommen lassen … müssen Sie aber nicht.
Mit den handelsüblichen Freilandfuttermischungen sind die meisten Vögel vollauf zufrieden, für anspruchsvolle Genossen können Sie noch Rosinen und Mohnsamen dazugeben. Und für alle Nicht-Vegetarier unter den Vögeln tun's auch Meisenknödel.

Kein Brot und andere Essensreste
Vögel vertragen zwar Fleisch und Getreide, aber das Problem ist das Salz, das in fast jeder menschlichen Speise sehr reichlich enthalten ist. Lassen Sie also besser Finger von Brot und anderen Essensresten!

Viele Vögel mögen auch gerne Obst – wie diese Amsel.

Ein Weihnachtsplätzchen für die Blaumeise.

Meisenknödel selbst gemacht

Wer Meisenknödel selber herstellen möchte, bestellt Rindertalg beim Metzger. Erwärmen Sie den Talg und schütten die doppelte Menge Körner dazu: einen Mix aus Haferflocken, gehackten Nüssen und Trockenfrüchten, Sonnenblumenkernen und Mohn zum Beispiel. Dann geben Sie einen Schuss Öl hinein, damit die Masse nicht bröckelig wird, wenn sie wieder erkaltet. Alles zu Klößen formen oder dekorativ in Blumentöpfe oder Ausstechförmchen füllen. Abkühlen lassen, aufhängen – fertig.

Sie können verschiedene Zutaten wie Erdnüsse, Trockenobst, Hagebutten und Würfel oder Kugeln aus Meisenknödelteig auch auffädeln und mit diesen hübschen Ketten die winterkahle Terrasse dekorieren.
Amseln und Rotkehlchen und einige andere Arten fressen übrigens lieber vom Boden. Streuen Sie denen einfach jeden Tag Körner, etwas Obst und zerbröselte Meisenknödel auf einen alten Teller oder ein altes Tablett, dass es verträgt, aus hygienischen Gründen regelmäßig mit heißem Wasser abgeschrubbt zu werden.

Resteverwertung

Zeit 1/2 bis 1 Stunde
Bau einfach

Ideal, wenn Sie und Ihre Kinder die Bastellust überkommt, der Baumarkt aber schon zu hat. Auch der Gelbe Sack bietet Material, um Futterstellen zu basteln.

- **Milchtütenhaus:** Schneiden Sie unten in die lange Seitenwand auf beiden Seiten ein Fenster, klappen Sie eventuell eine Leiste aus. Oben ein Loch hineinbohren, Draht oder Schnur durchfädeln, fertig. Ein Stein als Beschwerung verhindert, dass es im Wind allzu sehr hin und her gewirbelt wird.
- **PET-Flaschen-Silo:** In den oberen Teil zwei Löcher bohren, direkt gegenüber, rechtwinklig dazu und 10 cm höher das Gleiche noch mal und die Rundhölzchen durchstecken. Knapp über diesen Sitzstangen ein größeres Loch bohren, durch das die Vögel Körner herauspicken können, ohne dass alles von selbst herausrieselt. In den Flaschenboden zwei kleine Löcher bohren, Schnur oder Draht durchziehen und aufhängen.
- **Obststand:** Die eine Kiste auseinanderbauen – am besten hebeln Sie mit Schraubendreher und Zange die Tackernadeln auf. Die andere hochkant stellen und den Boden von Kiste 1 als Dach auf ein langes Seitenteil leimen, und zwar so, dass es hinten bündig ist und vorne übersteht. Weil Mandarinenkisten meist sehr dünn sind, verstärken Sie die Unterseite des Obststandes. Leimen Sie dazu ein Seitenteil von Kiste 1 von außen an. Trocknen lassen, dann von außen kleine Hakenschrauben reinschrauben. Bei Bedarf die zweite Seitenwand so zuschneiden, dass sie von innen auf die Unterseite geleimt werden kann. So können sich die Vögel nicht die Füße pieksen. Links und rechts ins Dach je eine Ösenschraube drehen; Draht oder Schnur durchfädeln, damit das Haus dann an die Wand gehängt werden kann. Bemalt mit wetterfester, umweltfreundlicher Farbe ist eine solche Kiste natürlich noch viel schöner. In unserem Beispiel haben wir sie grün grundiert und mit bunt bemalten Blättern als Stempel verziert.

Material

- PET-Flasche, 2 Rundhölzchen, ca. 30 cm lang
- 1 Tetrapack
- 2 Mandarinenkisten, 2 Ösenschrauben, 3 Hakenschrauben
- Schnur oder Draht zum Aufhängen
- Holzleim, Pinsel, Zange, Schraubendreher, Handbohrer, Schere, Cuttermesser

Solche Obststände können Sie natürlich auch aus anderen Kisten und Kästen zusammenleimen. Wenn das Häuschen trocken stehen kann, sogar aus einem stabilen Schuhkarton.

Brennholz, Restholz, fertig

ZEIT 1 Stunde
BAU einfach

- Flasche auswaschen, trocknen lassen – und zur Sicherheit noch mal prüfen, ob sie von der Länge zwischen Dach und Boden passt und oben und unten einige Zentimeter Platz sind.
- Ein Ende des Holzscheits sägen Sie ganz gerade, das wird das untere Ende. Das andere Ende schrägen Sie etwas an, so dass das Dach, das oben draufgenagelt wird, leicht abfallen und Regenwasser gut ablaufen kann. Begradigen Sie auch die spätere Rückseite des Häuschens, es hält dann besser am Stamm.
- Dach und Boden bündig mit der Rückseite annageln.
- Flasche mit Körnerfutter füllen und zuschrauben.
- Oben, unten und in der Mitte einige Windungen Hosengummi um Flasche und Rückwand schlaufen. Fest genug, dass die Flasche hält und nicht nach unten rutscht, und ausreichend locker, dass Sie sie zum Nachfüllen heraus- und wieder reinbekommen.
- Zum Aufhängen fädeln Sie oben direkt unter dem Dach und unten direkt über dem Boden jeweils ein Stück Sisalschnur und binden das Haus am Baumstamm, an der Balkonbrüstung oder wo auch immer gut fest.
- Flasche aufschrauben – guten Appetit!

Dieses Haus ist schnell gebaut. Warum nicht gleich mehrere zimmern und alle in verschiedenen Farben anmalen? Ihr winterlicher Garten oder Balkon sieht dann gleich viel bunter aus.

SIE KÖNNEN das Haus natürlich auch ohne Siloflasche aufhängen. Dann geht der Bau noch schneller, das Füttern ist aber nicht mehr so hygienisch. Wechseln Sie in diesem Fall das Futter täglich und reinigen Sie mindestens einmal in der Woche das ganze Häuschen.

MATERIAL
- 1 Scheit Brennholz, ca. 40 cm lang, eher schmal, Durchmesser 5 bis 8 cm
- 2 Holzplatten, 18 mm dick, für den Boden 15 × 30 cm, fürs Dach 20 × 40 cm
- Rostfreie Nägel
- 2 Stücke grobes Sisalseil, mindestens 1,50 m
- Hosengummi
- Leere PET-Flasche mit verjüngter Taille
- Hammer

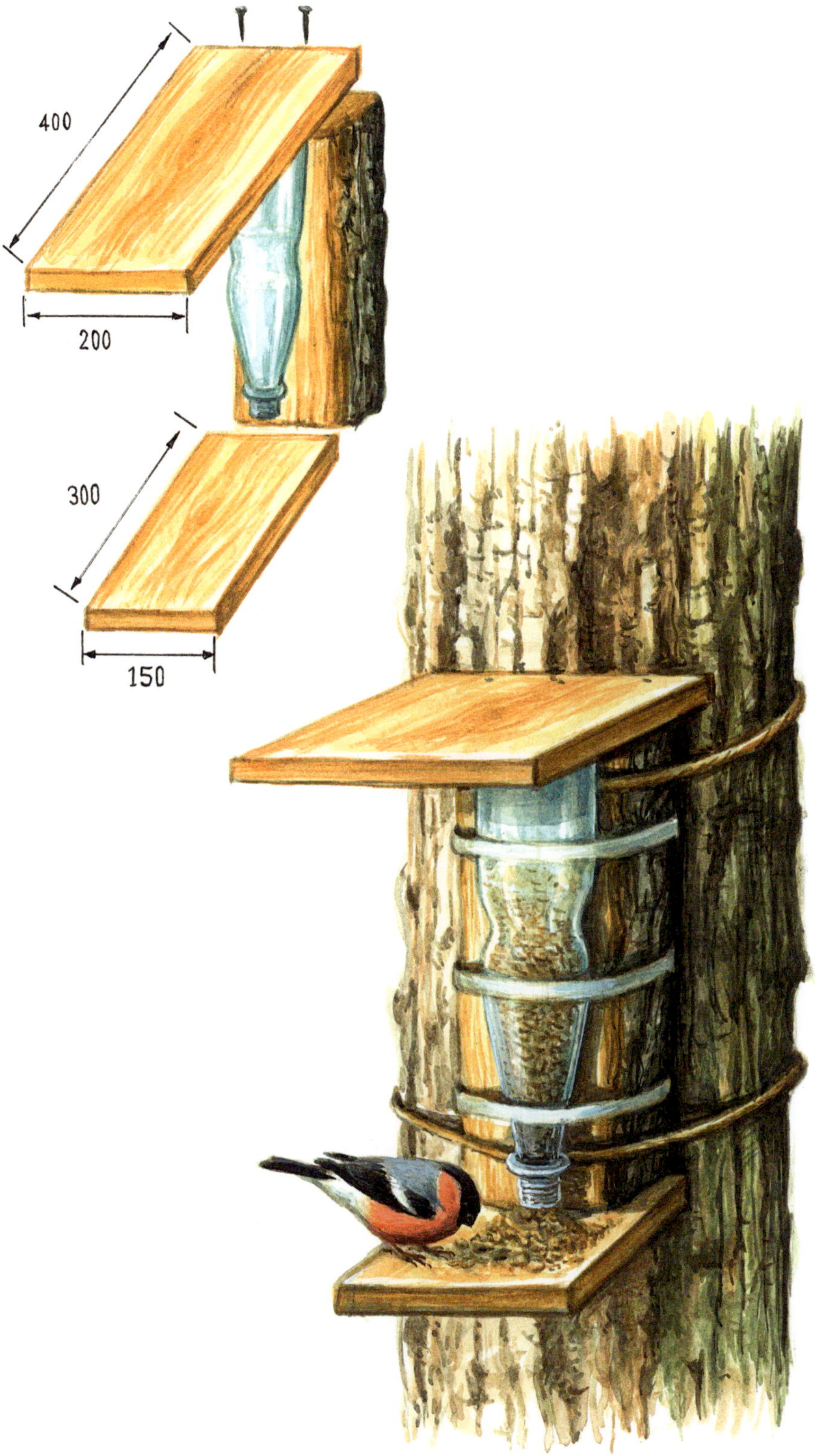
400
200
300
150

Muster-Rohr

ZEIT 1 Stunde
BAU einfach

- Bohren Sie in das PVC-Rohr etwa 1 cm große Entnahmeöffnungen, so versetzt über die Länge des Rohrs verteilt, dass die Vögel sich beim Fressen nicht gegenseitig auf den Kopf klecksen. Unter die Futterlöcher und auf der jeweils gegenüberliegenden Seite des Rohres bohren Sie je ein kleines Loch, das groß genug für das Rundholz ist.
- Stecken Sie das Rundholz in das Loch, und zwar so, dass es auf der Seite mit dem Futterloch weit herausragt und die Vögel gut darauf sitzen können; auf der anderen Seite führen Sie es nur gerade eben zur Stabilisierung ins Bohrloch. Eventuell mit etwas Klebstoff fixieren.
- Bohren Sie am oberen Ende auf gleicher Höhe genau gegenüberliegend zwei Löcher für die Aufhängeschnur.
- Verschließen Sie das Rohr oben und unten mit je einer Verschlusskappe. Die untere sollten Sie mit mehreren Schrauben sichern – eine Rohrfüllung mit Vogelfutter wiegt einiges. Die obere Kappe einfach nur aufstecken, damit Sie das Rohr leicht nachfüllen können.
- Ab und zu von oben nachschütten, mehr brauchen Sie den Winter über nicht zu tun. Im Frühling bauen Sie das Rohr einmal ganz auseinander, um es mit heißem Wasser und einer Flaschenbürste richtig sauber zu schrubben.

Sie können das Rohr auch einfach aufrecht hinstellen. Schlagen Sie am Bestimmungsort eine passende Einschlaghülse in den Boden, stecken das Rohr hinein und befüllen es.

EIN SCHÖNES Muster erhalten Sie, wenn Sie sortenreines Vogelfutter kaufen (z. B. Sonnenblumenkerne, geschält, ungeschält und schwarz, Erdnussbruch, Hirse, Haferflocken) und es schichtweise einfüllen.

MATERIAL
- Durchsichtiges PVC-Rohr, Durchmesser ca. 10 cm (Baumarkt oder Haustechnikfachhandel) + passende Verschlusskappen
- 4 Rundhölzchen à 12 cm, Durchmesser 5 bis 10 mm als Sitzstangen
- Rostfreie Schrauben 3,5 × 20 cm
- Schnur oder Draht zum Aufhängen
- Bohrmaschine, Akkuschrauber

Rustikaler Futtertisch

ZEIT 2 Stunden
BAU einfach

- Leimen Sie die beiden Bodenbretter längs zusammen, dann die kurzen und anschließend die langen Rahmenlatten nach unten bündig davor. Trocknen lassen.
- Drehen Sie in jede Ecke eine Ösenschraube. Fädeln Sie jeweils ein Stück Sisalseil von etwa 75 cm Länge durch die Ösen und knoten es mit einem dicken, dekorativen Knoten fest. Fassen Sie alle vier Schnüre zusammen – die Schnurlänge sollte jeweils 30 bis 40 cm betragen – und binden Sie sie ebenfalls mit einem Knoten dekorativ zusammen, so dass eine kleine Schlaufe entsteht. Durch diese fädeln Sie dann die letzte Schnur, an der der Tisch am Ende aufgehängt wird.
- Schneiden Sie aus dem Stück Dachpappe eine Scheibe von 35 cm Durchmesser. Trennen Sie aus ihr einen Keil heraus und schneiden in ihre Mitte ein Loch. Legen Sie die Dachpappe um die Schnur, so dass das Loch in der Mitte genau auf dem dicken Knoten liegt. Die Aufhängeschnur soll oben herausschauen. Ziehen Sie die Dachpappe zu einem flachen Kegel zusammen. Mit Paketklammern zusammenheften, oder, falls vorhanden, mit einen Tacker.
- Aufhängen und mit Futter bestücken. Guten Appetit.

Noch schneller geht es, wenn Sie als Tisch eine kleine Mandarinenkiste nehmen. Sie müssen dann nur noch Dach und Seile anbringen.

HIER SITZEN die Vögel mitten in ihrem Essen. Wechseln Sie das Futter also täglich und schrubben Sie den Tisch im Winter mindestens einmal in der Woche mit heißem Wasser, im Sommer täglich.

MATERIAL
- 1 Stück Dachpappe, 35 × 35 cm
- Paketklammern
- 4 Ösenschrauben
- Leim
- Sisalschnur, 4 Stück à 75 cm, 1 Stück à 1 m
- Pinsel, Handbohrer, Cutter oder Schere

Anzahl	Name	Material	Höhe/Länge (mm)	Breite (mm)
2	Bodenbrett	Vollholz 18 mm	250	130
2	Rahmenlatten	"	250	40
2	Rahmenlatten	"	296	40

1)

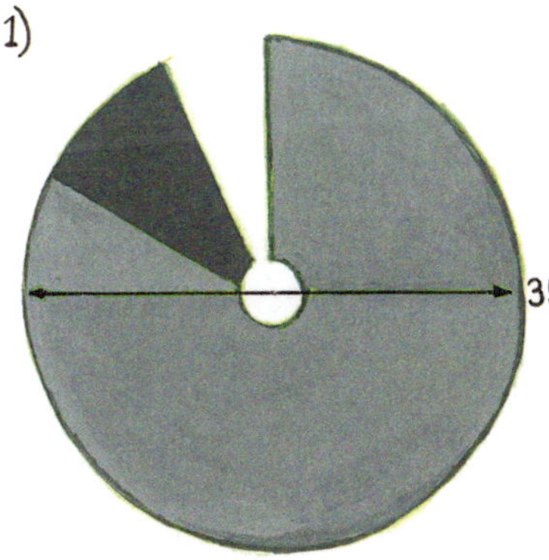

2)

3)

Baumscheiben-Etagere

ZEIT 2 bis 3 Stunden
BAU einfach

- Bohren Sie genau in die Mitte der Baumscheiben mit dem Lochbohreraufsatz ein Loch im Durchmesser des Pfostens.
- Schlagen Sie Ihren Pfosten am Bestimmungsort in die Erde – wenn Sie ihn in eine zum Durchmesser passende Einschlaghülse stecken, geht es leichter und hält länger.
- Fädeln Sie die kleinere Scheibe auf, bis sie etwa 1 m über dem Boden ist. Verkeilen Sie das Loch mit kleinen Holzsplinten, oder schlagen Sie vorher kleine Nägelchen als Bremsvorrichtung rundum in den Pfosten.
- Dann die große Scheibe als Dach darüberfädeln und auf die gleiche Weise befestigen. Die Scheiben sollten einen Abstand von 30 bis 40 cm haben; die genauen Maße hängen ein bisschen von der Größe Ihrer Scheiben ab, die Proportionen sollten optisch gut aussehen.

WENN SIE keine Baumscheiben zur Hand haben, fragen Sie beim Förster, im Sägewerk oder beim Brennholzlieferanten nach. Verwenden Sie nur gut abgelagerte Scheiben, frische reißen beim Trocknen ein.

MATERIAL
- 2 Baumscheiben, etwa 20 und 40 cm Durchmesser; 2 bis 4 cm dick
- Rundpfosten, etwa 5 cm Durchmesser, oder schöner, gerader, gleichmäßig dicker Ast, ca. 1,50 m lang
- Rostfreie Nägel oder kleine Holzsplinte zum Verkeilen
- Einschlaghülse, zum Durchmesser des Pfostens passend
- Bohrmaschine, Vorschlaghammer, Hammer
- Lochsägebohrer, zum Durchmesser des Pfostens passend

Sie können diese Etagere auch kleiner und schmaler bauen und sie dann in große, winterlich dekorierte Balkontöpfe spießen.

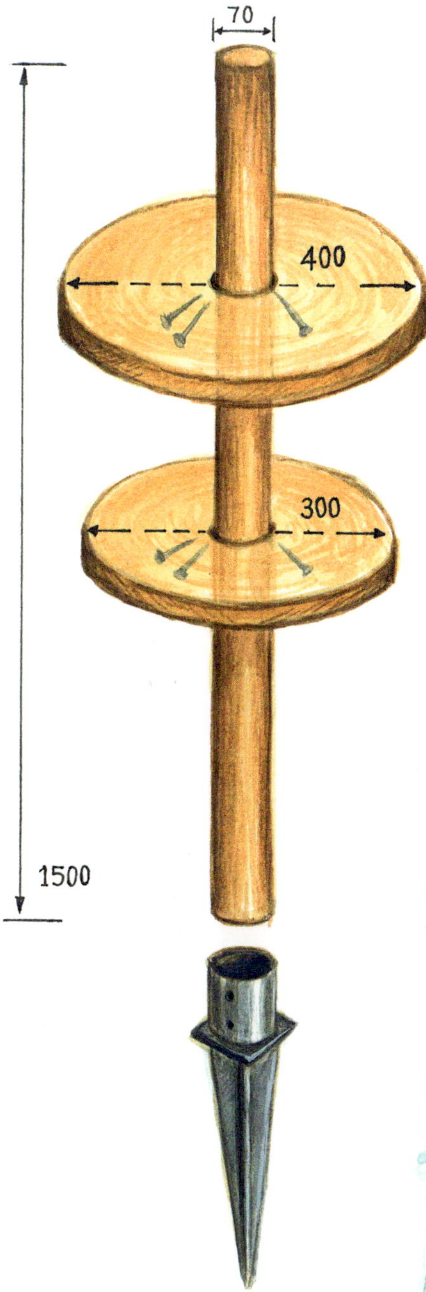
70
400
30
300
1500

Schweden-Futterhaus

ZEIT 3 Stunden
BAU einfach

MATERIAL
- Rostfreie Schrauben, ca. 3,5 × 40 mm
- Umweltfreundliche, wetterfeste Farbe in grau, weiß und rot
- Schleifpapier, evtl. Kreppklebeband, Holzleim
- Befestigungsmaterial nach Wunsch
- Bohrmaschine, Akkuschrauber, Pinsel

- Zuerst sägen Sie den Giebel für die Rückwand wie in der Zeichnung dargestellt zu: ein rechtwinkliges, gleichschenkliges Dreieck von 12,5 cm Höhe.
- Schrägen Sie die oberen Kanten der Seitenwände an, damit das Dach bündig aufliegt.
- Als Nächstes wird gemalt. Schleifen Sie dafür das Holz zunächst von beiden Seiten schön glatt. Das Dach wird grau, die Anflugleiste, die Stöckchen und die Vorderkanten der Seiten bekommen einen weißen Anstrich, die Seitenwände, die Rückwand und der Boden einen roten.
- Wenn die Farbe getrocknet ist, schrauben Sie das Haus zusammen: die Seitenwände links und rechts neben den Boden, die Rückwand von hinten davor. Die Löcher jeweils vorbohren.
- Die Dachplatten im rechten Winkel zusammenschrauben (die längere auf die kürzere) und auf dem Haus festschrauben.
- Mit einem 8-mm-Bohrer in die Anflugleiste drei Löcher bohren, ganz durch die Leiste hindurch. Pinseln Sie das Ende der kleinen Stangen mit Holzleim ein und stecken Sie sie in die Löcher. Das Ganze erneut trocknen lassen.
- Die Anflugleiste vorn an das Haus schrauben; die Löcher vorbohren.

DAS HAUS sollte fest an einer Wand hängen, damit nichts wackelt, wenn sich die Vögel auf die Stangen setzen. Sie können auch Knödel, Ringe oder anderes Futter daran aufhängen.

Anzahl	Name	Material	Höhe/Länge (cm)	Breite (mm)
1	Boden	Vollholz 18 mm	214	120
2	Seitenwand	"	120	120
1	Rückwand	"	250	250
1	Dachteil 1	"	212	180
1	Dachteil 2	"	230	180
1	Anflugleiste	"	250	40
3	Anflugstab	Rundholz, Durchmesser 8 mm	120–160 mm	

Vom Design her passt diese Futterstelle zu unserem Schwedenhäuschen auf Seite 22. Sie können den Rohbau aber auch frei nach Lust und Laune verzieren.

Knödelbaum

ZEIT ein halber Tag
BAU leicht

- Sägen Sie den Ast an allen Enden gerade ab, kleine Ästchen entfernen Sie mit der Astschere.
- Sie können die Rinde „natur“ lassen oder den Ast bunt bemalen. Dann sollten Sie ihn vorher entrinden, denn dann hält die Farbe besser.
- Oder Sie umwickeln ihn mit gehäkelten Schals, bekleben ihn mit Masking-Tape oder verzieren ihn mit dem, was bei Ihnen in der Familie gerade Basteltrend ist.
- Wenn Ihr Blumentopf ein Loch im Boden hat, dichten Sie es mit einem Stück Folie ab.
- Den Ast mittig hineinstellen und mit einigen großen Steinen stabilisieren.
- Dann mischen Sie den Fertigbeton nach Packungsangabe und gießen ihn in den Topf. Am besten zu zweit: einer hält den Ast, der andere gießt. Die Füllung sollte oben bündig mit dem Topfrand abschließen. Dann schön glattstreichen.
- Wenn der Beton nach einem bis zwei Tagen trocken ist, können Sie den Topf anmalen.
- Rücken Sie das kleine Kunstwerk an eine gut sichtbare Stelle auf dem Balkon oder auf der Terrasse und bestücken Sie den Baum mit Meisenknödeln und Äpfeln.

EINE LICHTERKETTE stört die Vögel tagsüber nicht und Sie haben abends eine stimmungsvolle Terrassenbeleuchtung, ob im Winter oder im Sommer.

Dies ist ein Projekt für die ganze Familie. Jeder und jede findet eine Arbeit, die ihm liegt, egal wie jung oder alt oder handwerklich begabt.

MATERIAL

- ein dicker, mehrfach verzweigter Ast, 1,5 bis 2 m lang
- ein großer (alter) Blumentopf
- ein kleiner Sack Fertigbeton, Wasser
- ein Stück Folie (vom Betonsack)
- einige große Kiesel oder andere Steine
- wetterfeste, umweltfreundliche Farbe, Farbtöne nach Geschmack
- Astschere oder Säge, Eimer und Stock zum Umrühren, Pinsel

Ausgehöhlter Baumstamm

ZEIT ein halber bis ganzer Tag
BAU einfach, erfordert etwas Kraftaufwand

- Legen Sie den Baumstamm der Länge nach hin, mit großen Steinen oder Holzkeilen verhindern Sie, dass er Ihnen beim Bearbeiten davonrollt.
- Zeichnen oder ritzen Sie den Rand des späteren Vogelbades in den Stamm und hämmern und stemmen sich dann jeweils vom Rand nach unten und in die Mitte vor. Sie haben das Gröbste hinter sich, wenn Sie eine Mulde von 10 cm Tiefe herausgemeißelt haben, die auch ruhig unregelmäßig sein darf. Nur wenn Holzsplitter gefährlich herausragen, sollten Sie nacharbeiten – die Vögel sollen sich beim Trinken ja nicht wehtun. Hört sich anstrengend an? Es gibt auch elektrische Stemmeisen.
- Jetzt bugsieren Sie den Stamm an seinen Bestimmungsort. Damit er dort auch bleibt, legen Sie ein paar Steine unregelmäßig und dekorativ zu beiden Seiten um ihn herum; Sie können Ihn zusätzlich mit Holzkeilen oder kleinen Steinen festklemmen. Und in die Mitte kommt noch ein schöner Stein als Landungshilfe.
- Wechseln Sie das Wasser regelmäßig: Mit einem alten Handfeger lässt es sich gut herauswischen – einfach ausleeren geht bei diesem wuchtigen Vogelbad ja nicht.

SOLCH DICKE Stämme bekommen Sie beim Förster, beim Brennholzhändler und im Sägewerk. Die Holzsorte ist nicht so wichtig: Weiches Kiefern- oder Fichtenholz lässt sich leichter bearbeiten, das von Buche, Eiche oder Obstbaum hält dafür länger.

MATERIAL
- Baumstamm, mindestens 70 cm lang, Durchmesser ca. 30 cm
- Große Steine
- Stemmeisen, Hammer

Ruckzuck gebaut ist das Blumentopf-Bad. Zwei große Blumentöpfe übereinanderstapeln. Obendrauf einen Topfuntersetzer mit Wasser und ein, zwei Steinen als Landehilfe.

Zum fröhlichen Rhabarberblatt

ZEIT 2 bis 3 Stunden
BAU einfach

- Plane auslegen, auf Tisch, Fußboden, Terrasse oder wo immer Sie ans Werk gehen wollen. Einen Hügel aus Sand formen, das (oder die) Rhabarberblatt möglichst glatt darauf drapieren. Wenn es schon ein bisschen welk ist, lässt es sich besser biegen.
- Ölen Sie das Blatt vorher ein, dann löst es sich hinterher leichter.
- Den Fertigbeton mischen Sie nach der Anleitung auf der Packung in einem alten Kübel an.
- Handschuhe anziehen und eine etwa 2 cm dicke Schicht Beton auf den Hügel häufen, so dass das Blatt rundherum bedeckt ist. Klopfen Sie den Beton leicht fest, um eventuelle Luftlöcher zu beseitigen. Dann mit Kelle, Spatel oder Löffel alles glatt streichen. Die Ränder abrunden.
- Decken Sie die zweite Kunststoffplane drüber – zwei Tage braucht der Beton, bis er richtig hart ist. Dann heben Sie die Schale vom Hügel, bürsten den Sand rundherum weg und ziehen das Rhabarberblatt herunter.
- Einmal alles durchspülen und an einem sonnigen, von allen Seiten einsehbaren Platz in Ihren Garten stellen – Ihre Vogeltränke hat eröffnet. Bitte wechseln Sie jeden Tag das Wasser.

STATT RHABARBER können Sie auch die Blätter anderer Pflanzen nehmen, alte Spitzen-Tischdeckchen oder – ganz puristisch – gar nichts.

MATERIAL
- 1 Sack Fertigbetonmischung aus dem Baumarkt
- Sand
- Rhabarberblatt
- Gummihandschuhe, 2 Stücke Kunststoffplane
- Kübel, großer Eimer zum Anrühren, ein Stock zum Umrühren
- Kelle, Spatel oder Löffel, Bürste

Zur Körperpflege nehmen viele Vögel gerne auch ein Sandbad. Machen Sie doch gleich zwei Rhabarberschalen und füllen die zweite mit sauberem Sand.

1)
2)
3)
4)

Service

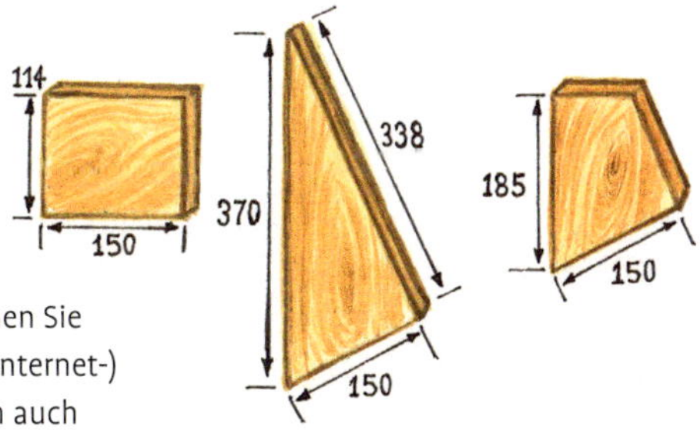

Bezugsquellen

Werkzeug und Material

Beinahe alles, was Sie zum Bauen und Basteln brauchen, bekommen Sie im Baumarkt. Manche Bauteile sind Sammlerstücke, die Sie auf (Internet-) Flohmärkten erbummeln können, das eine oder andere findet sich auch beim Waldspaziergang: Federn, Stöckchen, Rindenreste. Alles ab Baumscheiben aufwärts dürfen Sie streng genommen nicht einfach mitnehmen. Wenn Sie aber den Besitzer oder die Verwalterin fragen, haben die in der Regel nichts dagegen. Baumscheiben, dicke Äste oder Stammstücke erhalten Sie auch bei Sägewerken oder Brennholzhändlern.

Nistkästen mit Kameras bekommen Sie bei folgenden Anbietern:
www.futter-spatz.de
www.wildtierfreund.de
(Hier gibt es auch eine spezielle Nistkastenreinigungshilfe.)

Pflanzen

Heimische Gehölze und Stauden gibt es in jedem Gartenmarkt und bei jedem Internethandel. Schon fertig zusammengestellte Vogelpflanzenpakete können Sie unter
www.wildtierstiftung.de oder
www.garden-shopping.de bestellen.

Futter

Vogelfutter gibt es besonders im Winter in jedem Supermarkt; legen Sie Wert auf individuelle und hochwertige Zusammenstellung, werden Sie sicherlich im Shop des Landesbundes für Vogelschutz in Bayern e. V. fündig: **www.lbv-shop.de**

Tipps zum Weiterlesen

Boomgaarden, H., Oftring, B., Ollig, W.: Natur sucht Garten. 35 Ideen für nachhaltiges Gärtnern. Verlag Eugen Ulmer, 2011

Burton, R.: Vögel im Garten: Beobachten, bestimmen, füttern. DK, 2013

Haas, H.: Unsere Gartenvögel: beobachten und schützen. Kosmos, 2013

Hecker, F. und Hecker, K.: Vögel: Entdecken, kennen lernen, erforschen – Naturführer für Kinder, Verlag Eugen Ulmer, 2010

Lohmann, M.: Vögel am Futterhaus: Erkennen und richtig füttern. Blv Buchverlag, 2011

NABU-Broschüre „Vögel im Garten". 61 Seiten

NABU-Broschüre „Wohnen nach Maß – Nisthilfen und Quartiere für Vögel, Fledermäuse, Igel und Insekten". 45 Seiten

Ploberger, K.: Der neue Garten für intelligente Faule: Das etwas andere Gartenbuch: Garteln im Takt mit der Natur. Cadmos, 2012

Vereine und Organisationen

Naturschutzbund Deutschland
www.nabu.de
U. a. Steckbriefe heimischer, Kontaktadressen vor Ort, jahreszeitliche und aktuelle Tipps und Mitmachprojekte Stunde der Gartenvögel und Stunde der Wintervögel:
www.nabu.de/aktionenundprojekte/stundedergartenvoegel/
www.nabu.de/aktionenundprojekte/stundederwintervoegel/

Bund für Umwelt und Naturschutz
www.bund.net

Dachverband Deutscher Avifaunisten (DDA) e. V.
www.dda-web.de
Zusammenschluss aller landesweiten und regionalen ornithologischen Verbände in Deutschland.

Naturgarten e. V.
www.naturgarten.org
Verein rund um naturnahe Gärten mit zahlreichen Beispielen.

Bildquellen

Braßmann, Markus: S. 14/15
Hecker, Frank: S. 5, 8, 12, 13 o., 17 o., 17 u., 68 o., 68 u., 69, 71 r., 71 l., 90
Jody – Shutterstock.com: S. 13 u.
Kuchem, Christine: S. 7
Schmidt-Röger, Heike: Titelbild, S. 10
Zoonar/Christoph Bosch: S. 16
Zoonar/H Landshoeft: S. 9, 66/67
Zoonar/Ralf Gromann: S. 11 u.
Zoonar/Radoijca Eichert: S. 4
Zoonar/Thomas Jentzsch: S. 11 o.

Die Zeichnungen fertigte **Paschalis Dougalis**.

Register

Die Autorin

Sigrid Tinz, Jahrgang 1975, studierte Geoökologie an der Technischen Universität Braunschweig und besuchte dann die Journalistenschule in Berlin. Sie arbeitet als freie Journalistin, Lektorin und Autorin und schreibt hauptsächlich über Kinder, Bücher, Pflanzen und Tiere. Und manchmal auch Bücher für Kinder oder Bücher über Pflanzen und Tiere. Sie lebt in Warendorf, mit ihrem Mann, der Architekt ist und (auch) gerne Vogelhäuser baut, mit ihren vier Kindern (3, 6, 8 und 11 Jahre alt) und mit Kater Rudi, der so vogelfreundlich erzogen ist, dass er großmütig zuschaut, wenn die Amseln ihre Küken mit seinen Futterresten füttern.

Bibliografische Information der Deutschen Nationalbibliothek
Die Deutsche Nationalbibliothek verzeichnet diese Publikation in der Deutschen Nationalbibliografie; detaillierte bibliografische Daten sind im Internet über http://dnb.d-nb.de abrufbar.

Wollgrasweg 41, 70599 Stuttgart (Hohenheim)
E-Mail: info@ulmer.de
Internet: www.ulmer.de
Umschlagentwurf: red.sign, Anette Vogt, Stuttgart
Lektorat: Ina Vetter, Ulf Müller
Herstellung: Silke Reuter
Satz: r&p digitale medien, Echterdingen
Reproduktion: timeRay, Herrenberg
Druck und Bindung: aprinta Druck,
Firmengruppe APPL, Wemding
Printed in Germany

ISBN 978-3-8001-8247-3

Hier können Sie weiterlesen:

- Diese Hotels werden sicher besiedelt
- Nisthilfen für viele verschiedene Arten
- Anleitungen mit Zeichnungen und Checklisten

Insektenhotels bauen ist nicht schwer, aber werden sie auch besiedelt? Die Expertin Melanie von Orlow weiß genau, was das Herz von Wildbiene & Co. begehrt. Vom Hotel im Eimer (in einer Stunde fertig!) bis zur Romantik-Herberge finden Sie Ideen für Stadtbalkon oder Terrasse, für Reihenhaus- oder Naturgarten. Mit klaren Schritt für Schritt-Anleitungen, Material-Checklisten und genauen Maßangaben für die Bauteile können Sie sofort loslegen.

Ideenbuch Insektenhotels. 30 Nisthilfen einfach selbst gebaut. Melanie von Orlow. 2013. 96 Seiten, 20 Farbfotos, 70 Zeichnungen, geb. ISBN 978-3-8001-7878-0.

Ganz nah dran. Ulmer

hier die Bewohner im Überblick

Die **Blaumeise** ist kleiner als die Kohlmeise und immer in Bewegung. Sie ist ganzjährig bei uns, brütet in Baumhöhlen und Mauerritzen und frisst Insekten, Läuse, Samen, Knospen und Beeren.

Kohlmeisen sind die häufigste Meisenart in Mitteleuropa. Sie sind das ganze Jahr bei uns, nisten in Baumhöhlen und Mauerritzen und fressen Insekten, fette Samen und Beeren.

Amseln sind ganzjährig bei uns und brüten gerne in Büschen, Hecken und Efeuwänden; sie fressen Würmer, Schnecken, Samen und sehr gerne Erdbeeren, Kirschen und Äpfel.

Gartenbaumläufer sind das ganze Jahr über bei uns. Sie nisten in Ritzen alter Bäume oder hinter deren Rinde und fressen Insekten und Spinnen.

Kleiber sind flink und klein und ganzjährig bei uns. Sie sind Höhlenbrüter und schätzen Insekteneier und -larven sowie Samen, Beeren und Nüsse.

Bachstelzen kommen im März aus dem Winterquartier, wenn sie nicht gleich dageblieben sind. Sie brüten in Nischen, mögen offenes Gelände in Wassernähe und fressen am liebsten Insekten und Samen.

Gartenrotschwänze überwintern südlich der Sahara und kommen im April zurück. Sie brüten in Höhlen und fressen Insekten.

Hausrotschwänze sind Nischenbrüter und ab März bei uns. Sie ernähren sich von Insekten, Larven und Beeren.